养狗,
这一本就够了

艾虎 编著

敦煌文艺出版社

图书在版编目（CIP）数据

养狗，这一本就够了 / 艾虎编著 . -- 兰州 : 敦煌
文艺出版社 , 2022.4
ISBN 978-7-5468-2184-9

Ⅰ.①养… Ⅱ.①艾… Ⅲ.①犬—驯养 Ⅳ.
①S829.2

中国版本图书馆 CIP 数据核字 (2022) 第 062964 号

养狗，这一本就够了

艾 虎 编著

统筹策划：徐 淳
责任编辑：杜鹏鹏
封面设计：仙 境

敦煌文艺出版社出版、发行
地址：（730030）兰州市城关区曹家巷 1 号新闻出版大厦
邮箱：dunhuangwenyi1958@163.com
0931-2131397（编辑部）
0931-2131387（发行部）

运河（唐山）印务有限公司印刷
开本 710 毫米 ×1000 毫米 1/16 印张 13.75 字数 220 千
2022 年 5 月第 1 版 2022 年 5 月第 1 次印刷
印数：1 ~ 20 000

ISBN 978-7-5468-2184-9
定价：52.00 元

目录
CONTENTS

Part 1
狗狗的品种与性格，找到适合自己的那只

Part 2
狗狗的日常照料，养出健康可爱的宠物

Part 3

狗狗神奇的身体机能

Part 4
狗狗动作里露出的小心思

Part 5
狗狗的行为令人头疼？那是你还不懂它

Part 6
训练一只敏捷又能听懂指令的狗狗

Part 7
狗狗的健康最重要

Part

1

狗狗的品种与性格，
找到适合自己的那只

约克夏：都市时尚爱宠

狗狗身份卡

名　称：约克夏犬

身　高：雄性 18～23 厘米，雌性 19～22 厘米

体　重：雄性 2～3 千克，雌性 1.5～2.8 千克

体　型：小型犬

特　征：体格匀称，大腿较直，膝关节微微弯曲，耳朵较小，直立，呈 V 字形

毛　发：长毛，不易掉毛

颜　色：约克夏有金头黑背、金头银背、金头蓝背三种毛色

性　情：活泼、聪明、黏人

约克夏犬非常聪明讨喜，被称作玩具犬。它体型很小，但是非常勇敢，富有冒险精神。它对人十分友善、热情，也善于和其他宠物打成一片。

狗狗历史

约克夏犬最早于 18 世纪末期出现在英国的约克郡地区。它能在狭小而肮脏的下水道、矿井、隧道等地捕捉老鼠，捕鼠能力比猫咪毫不逊色，渐渐成为人们生活中得力的帮手，因此大受欢迎。如今，它们成为世界知名的宠物犬，也是很多时髦年轻人的宠物首选。

狗狗外形

约克夏身材矮小，仅比吉娃娃大一点点。在打扮约克夏时，铲屎官在它的头顶扎个漂亮的马尾，略微打扮后便非常可爱。它的背部平坦，尾巴虽然是从中间断尾，但是被长长的被毛覆盖着，并不影响它的美观。尾巴末端的毛发比较多，会剪得比较短，以突出尾部的毛发特点。

约克夏的鼻子和眼睛是黑色的，一身金黄色的被毛，看上去非常伶俐。当然，最值得关注的是它长长的被毛，品质高的约克夏被毛极富光泽，柔滑得像绸缎一般，让人移不开目光。

约克夏是不易掉毛的品种，铲屎官们要经常给它梳毛，同时注意饮食，减少盐分的摄入。

狗狗性格

约克夏属于梗犬类，它们保持着梗犬的特性，喜欢在院子里跑来跑去，不愿意停下来。因为它本性活泼，而且体型很小，所以即使在狭小的空间，只要有一些玩具，它也能玩得非常愉快。

虽然约克夏体型小，却有极强的领地意识，会坚决而勇敢地捍卫自己的领域。它有很强的支配欲，当领地有其他犬类时，会立即发起攻击，即便对方看起来要比它大得多，它也不会退缩。

约克夏是非常机警的看门犬，因为它拥有灵敏的听觉，只要有异常声响，就会立即发出警告。它天性活泼好动，做事冲动，想要完全控制它，必须从小训练。约克夏可是非常忠诚的，也很黏人，陌生人根本入不了它的眼。

贵宾犬：聪明的卷毛狗

狗狗身份卡

名　　称: 贵宾犬

身　　高: 标准型贵宾犬身高在 38 厘米以上
　　　　　迷你型贵宾犬身高在 25～38 厘米
　　　　　玩具型贵宾犬身高在 25 厘米以下

体　　重: 标准型贵宾犬体重在 8.5～12 千克
　　　　　迷你型贵宾犬体重在 4.5～8.5 千克
　　　　　玩具型贵宾犬体重在 2.5～4.5 千克

体　　型: 小型犬

特　　征: 头部较小，额头有些圆，嘴巴较尖，眼睛大多
　　　　　是椭圆形，以黑色为主。耳郭较长，耳朵下垂

毛　　发: 卷曲，不易掉毛

颜　　色: 白色、茶色、咖啡色、黑色、灰色等

性　　情: 聪明，温顺，依赖主人

　　　贵宾犬是很多铲屎官喜欢养的狗狗品种，这种狗狗喜欢时刻跟在主人身边，你坐下来时，它会马上跳到你的腿上，或者卧在你的脚边。贵宾心情激动时会尖锐地狂叫，但它们很聪明，只要主人一个指令，它们会马上安静下来。

狗狗历史

　　贵宾犬起源于欧洲，它是人们捕猎的好帮手，能迅捷地将猎物从密林中或水塘中拖出来，并能独自捕捉小型飞禽或动物。它出色的工作能力赢得了人们的普遍认可，也因此被带到了不同国家。但是只有标准贵宾具有工作能力。

　　如今，它们已经形成了庞大的贵宾犬种系。

 狗狗外形

　　贵宾的毛色有白色、茶色、咖啡色、黑色、灰色等颜色，身上的被毛有些卷曲，但它们不会掉毛，毛发会越长越乱，需要定期去宠物美容院做造型。

　　人们常常喜欢把小体的贵宾修剪、打理成泰迪熊的模样，后来人们就把这种美容造型的贵宾犬亲昵地称为泰迪。

　　贵宾的身形比较消瘦，但它们的运动能力很强。贵宾的尾根位置较高，尾巴平直，有时会向上翘起。人们通常在它们小时候就将其尾巴截去，这样更方便打理，也有利于它们的健康。

　　贵宾的被毛分为两种：粗毛和软毛。粗毛很浓密，软毛较为平滑柔软。它们身体部位的被毛较长，腿部的被毛较短，脚趾上的被毛丰厚，经常弄得很脏，所以需要有人帮它们清洁、修剪。贵宾属于不易掉毛的犬种，可以为铲屎官们省去不少麻烦。

狗狗性格

　　贵宾犬智商很高、脾气很好，能和人玩各种游戏，从不厌倦，是一个天生的乐天派。

　　它们很喜欢去户外玩耍，每当主人要出门时，它们总会先人一步跑到门口，坐等主人带它们一起外出。到了户外，它们就像打了鸡血似的跑来跑去，当然，只要听到主人的召唤，它们马上就从远处飞奔而来，蹲坐在主人面前，等着主人的指令。

　　有些贵宾犬喜欢吃主人的食物，会趁主人不在偷偷跳上桌子，吃上一大口。但贵宾是很容易出现泪痕的狗狗，人类的食物中含有过多的盐分，会导致它们形成泪痕，难清理，也不美观。应该为它们提供营养健康的狗粮。

博美犬：黏人的"跟屁虫"

狗狗身份卡

名　称：哈多利系博美犬

身　高：22～28厘米

体　重：2～3.5千克

体　型：小型犬

特　征：头部小，额头平而宽，眼睛是古铜色或黑色，胸部宽厚，身材匀称

毛　发：浓密，有底毛和刚毛两种，容易掉毛

颜　色：棕色、白色等

性　情：天生敏感，好奇心强，对主人依赖性强，对陌生人有警惕心

　　博美犬是非常聪明的一种狗狗。饿了的时候，博美犬会叼着狗粮或者食盆跑到主人面前，让主人给它准备吃的。它们心情好时，会主动邀请旁人和它们一起玩游戏。

狗狗历史

博美犬的学名是哈多利系博美犬，它的原产地是德国，是 19 世纪德国狐狸犬繁衍出来的一种犬种。博美犬虽然体型小巧，但是它们善于捕捉老鼠、飞鸟、兔子等猎物，可以进行日常小型狩猎活动，也可以帮助人们看家护院。如今，它们已经成为很多人喜欢的家庭犬。

狗狗外形

博美犬的个子虽然小，但其全身的被毛又厚又密又长，分为底毛和刚毛两种。博美犬的被毛以棕色、白色为主，它们的尾巴是一大亮点，长长的尾巴向上卷曲，带着蓬松的尾毛，看起来特别漂亮。

它们在犬类中属于爱掉毛的一种，特别是到了夏季，它们会褪去厚厚的被毛，换上相对疏朗的被毛。养育博美犬时，要常常给它们梳理被毛，在饮食上也要多加注意。

狗狗性格

博美犬在家中友善，并且很黏人，甚至睡觉时都想和主人黏在一起。它们特别愿意和人一起玩耍，玩到高兴时，会禁不住叫几声，表达自己开心的心情。

博美犬警惕性很强，面对侵犯自己领地的动物时，它们会拼命地大叫着向对方冲去，根本不考虑体型上的差距。当有陌生人路过家门口时，也会叫个不停，以提醒主人和吓唬对方。博美犬性格非常敏感，当它们遇到不高兴的事情或被主人责骂后，在很长时间内都会闷闷不乐，甚至会躲起来。

柴犬：倔强忠诚的狩猎高手

狗狗身份卡

名　　称：柴犬

身　　高：35～40 厘米

体　　重：10～15 千克

体　　型：中型犬

特　　征：身材匀称，脖颈粗壮，胸膛宽厚，尾巴经常向上卷曲

毛　　发：外层被毛较长，又直又硬，内层的被毛是绒毛层，容易掉毛

颜　　色：红褐色、白色、浅黄色、奶油色等

性　　情：独立，忠诚，聪明

　　柴犬擅长在户外或者山区奔跑，是不可多得的狩猎高手。玩耍时，任何东西都能成为它们的玩具。但是，它们也有倔强的一面，有时会执着地做自己想做的事情。另外，主人要常常把它们带出去玩，不然它们会拆家以发泄精力。

狗狗历史

柴犬是日本本土的一种古老犬种，它出现于约 2000 年前。它的体型适合在山区活动。在古代，柴犬常常陪伴着主人进山捕猎，它们在密林中敏捷地穿梭追逐猎物，成为主人得力的助手。

狗狗外形

柴犬外形上跟秋田犬比较相似，但个头要小一些。它们的脖颈粗壮，胸膛宽厚，四肢有力，身长和同类相比稍微有些短。它的尾巴经常向上卷曲着，有着又长又密的被毛。

柴犬有两层被毛。外层被毛较长，而且又直又硬，内层的被毛是绒毛层，细细的，排列得非常密实。它们的脸部、耳朵和四肢部位的被毛短而稀疏。被毛颜色有红褐色、白色、浅黄色、奶油色等，这些颜色让它们能够较好地与周围环境融为一体，更有利于野外捕猎。

柴犬很容易掉毛。当换毛季到来时，柴犬身上每天都会掉很多被毛，如果你想养一只柴犬，那就要勤于打扫脱落的狗毛，还要经常帮它梳理被毛。

狗狗性格

柴犬是日本人生活中不可缺少的伙伴，它们独立、勤奋、忠诚、聪明。柴犬起初是作为狩猎犬而存在的，这锻炼了它们较强的独立性，不会黏着主人，当主人吩咐柴犬一些任务时，它们会非常高兴地接受并不知疲倦地去完成。柴犬有一个独特的优秀品质，那就是它们对主人极度忠诚。

柴犬个子虽小但精力旺盛，每天睡醒后会跑来跑去地玩耍，主人最好能每天带它去户外运动一两个小时。如果柴犬的生活环境空间较小，室内空间不能满足它的运动需求，它就会在家里做一些破坏性的活动，比如啃咬地毯，在沙发和床上跳跃等。其拆家能力堪比哈士奇。所以，如果你想喂养一只可爱的柴犬，那就要做好每天带它出去运动的准备哦。

喜乐蒂牧羊犬：理想的工作犬

狗狗身份卡

名　称：喜乐蒂牧羊犬

身　高：33～41 厘米

体　重：6～13 千克

体　型：中型犬

特　征：头部呈现楔形，从耳朵到鼻镜逐渐变窄，耳朵比较小，尖端折向前方。整个身体毛量充足，有鬃毛和饰毛

毛　发：双层被毛，外层被毛长、直、硬，底毛柔软、浓密，不爱掉毛

颜　色：被毛有蓝色、褐色、灰色等颜色间杂

性　情：聪明、热情、服从性好、喜欢运动

　　从外表上看，喜乐蒂牧羊犬颜值很高而且非常洋气，嘴部比较尖，一身漂亮的长毛，非常讨喜。喜乐蒂牧羊犬是一种很有个性的狗狗，它们聪明、热情，能够服从主人的指令。但是，它们有自己的想法，不喜欢被强制，如果主人让它们做自己不喜欢的事情，它们会当作什么都没听见，以此来表示反抗。

狗狗历史

　　喜乐蒂牧羊犬起源于 18 世纪位于挪威和苏格兰之间的北海上的设得兰群岛。那里气候寒冷，造就了包括喜乐蒂牧羊犬在内的各种动物身材较小、被毛厚重的特点。人们认为，喜乐蒂牧羊犬是苏格兰柯利犬与斯皮茨犬交配而成的，不过，也有不同观点，认为它来源于查理士王小猎犬。

狗狗外形

　　喜乐蒂牧羊犬的头部有些像长长的楔形，鼻梁部分大多有一块白色的被毛。脖颈部位较长而且粗壮，使得它们总是一副昂头挺胸的自信模样。它们的长尾巴较为蓬松，经常向下随意地垂着，给俊朗的身姿增添了一些优雅的气息。

　　喜乐蒂牧羊犬的外层被毛较长且直硬，内层被毛是短短的绒毛，紧密地贴在皮肤上。雄性喜乐蒂牧羊犬脖子上的被毛更长，远远看去有些像雄狮的鬃毛一样威风凛凛。它们的被毛通常有蓝色、褐色、灰色等颜色中的两种或两种以上间杂在一起。

　　喜乐蒂牧羊犬尽管毛发很长，但是不爱掉毛，这一点受到很多铲屎官的喜爱。铲屎官平时只需用钢梳梳毛，就可以让它保持通顺的状态。

狗狗性格

　　喜乐蒂牧羊犬是一种聪明、平和且非常热情的狗狗。它们特别喜欢在大自然中奔跑，对各种小动物有天生的追逐热情。它们喜欢和主人在户外玩耍，对运动有着极大的热情，对主人和家庭成员有无尽的耐心和温柔。对陌生人或来访的客人则是一副冷漠的态度，常常是在对方周围嗅闻几下，然后蹲坐一边，静静地看着主人和客人聊天。

苏格兰牧羊犬：狗界的"外交家"

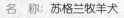

狗狗身份卡

名　称：苏格兰牧羊犬

身　高：55～66 厘米

体　重：22～34 千克

体　型：中型犬

特　征：嘴部狭长、尾巴下垂，尾巴尖端向上扭曲或呈旋涡状

毛　发：双层被毛，不容易掉毛

颜　色：白色、棕色、蓝灰色交杂

性　情：活泼好动、性情温顺、能和其他动物友好相处

　　苏格兰牧羊犬常被誉为狗界的"外交家"，有着一身漂亮的被毛。这种狗狗性情温顺，喜欢和人们相处，也能和狗狗等其他小动物一起快乐地玩耍。

狗狗历史

苏格兰牧羊犬的祖先生活在苏格兰北部的寒冷地区。在 19 世纪中期时，英国维多利亚女王到苏格兰访问，看到了这种狗狗，对它们漂亮的外形、温顺的性格赞不绝口，便挑选了几只优秀的幼犬带回了王宫。不久之后，在女王的影响下，英国上至王公大臣，下至平民百姓，纷纷以养苏格兰牧羊犬为荣。后来，这股潮流传播到了欧洲其他地区。到了 20 世纪中期，苏格兰牧羊犬已经遍及亚洲、非洲、美洲等地区，深受人们的喜爱。

🐕 狗狗外形

苏格兰牧羊犬的脸型较为狭长，尖尖的嘴巴使它们看起来有些瘦削。杏仁状的眼睛微微上翘，眼睛的颜色是深色的。脖颈长而结实，使它们的身形看起来更加修长。腰背浑厚结实，蓬松的尾巴较长且自然下垂，尖端又有些上翘，左右摆动时有轻盈的美感。

苏格兰牧羊犬长期生活在寒冷地区，全身被厚厚的双层被毛包裹。外层被毛很长，内层被毛是绒毛层，细小且排列紧密。它们的脖颈、胸腹和尾部的被毛较长，面部、耳朵、四肢上的被毛较短。被毛的颜色一般有白色、棕色、灰色等。

虽然苏格兰牧羊犬属于长毛犬，但是，除了换毛外，大部分时候，它们并不容易掉毛。而且苏格兰牧羊犬很爱干净，如果铲屎官有时间给它们梳理毛发的话，它们会非常配合。

狗狗性格

苏格兰牧羊犬活泼好动，不适合长期圈养在室内。它们对主人有着很深的感情和忠诚度，是一种忠实可靠的狗狗。它们性格温顺，非常容易驯服，但是对陌生人有一定的警惕心，只不过它们并不会随意做出攻击行为。如果陌生人对它们有友好的表示，它们在消除警戒心后也会快乐地和对方玩在一起。它们不但能和人类友好相处，还能和其他狗狗和平交往，轻易不会表现出凶猛的样子。它们在陌生的环境中也不会胆怯，而是会发挥自己擅长社交的一面，轻易就能与大家打成一片，友好相处。

边境牧羊犬：智商最高的犬

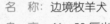

狗狗身份卡

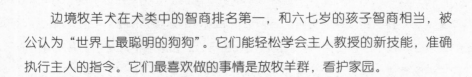

名　称：边境牧羊犬

身　高：46～53 厘米

体　重：12～24 千克

体　型：中型犬

特　征：黑白相间的被毛为主

毛　发：粗毛和短毛两种类型，每种类型都有双层被毛，容易掉毛

颜　色：以黑白色、蓝白色或棕白色等双色系为主，部分狗狗是黑色、蓝色、棕色组成的三色被毛，其中黑白两色最常见

性　情：聪明、机警、顽强、待人友好，理解能力和服从能力强

　　　边境牧羊犬在犬类中的智商排名第一，和六七岁的孩子智商相当，被公认为"世界上最聪明的狗狗"。它们能轻松学会主人教授的新技能，准确执行主人的指令。它们最喜欢做的事情是放牧羊群，看护家园。

狗狗历史

边境牧羊犬起源于苏格兰，其祖先是在公元 8 世纪时被人们带入苏格兰地区的牧羊犬，它们主要是帮助牧民放牧和看管羊群，也能陪同猎人一起打猎。

边境牧羊犬非常聪明，很容易领会主人的命令，并能创造性地去执行。

狗狗外形

有人说边境牧羊犬是犬类中的大熊猫，它们的外观是像熊猫一样的黑白色。前额到鼻子是白色的，像一条笔直的区分线，把头部分成左右两个部分，而且它们的眼睛和耳朵都是黑色的。除了头部黑白分明外，边境牧羊犬的背部和四肢颜色也是黑白两色的，背部是黑色，四肢是白色，可以说黑白色的被毛是边境牧羊犬最明显的特征。

边境牧羊犬的尾巴非常可爱，从臀部向尾巴处有倾斜的弧度，尾巴又长又蓬松，经常自然下垂，尾巴的大部分被毛都是黑色的，只在尾巴尖端的位置又变成了白色。

边境牧羊犬有粗毛和短毛两种类型的被毛。它们都有双层被毛。粗毛型是在脖颈的两边、后腿、臀部还有尾巴上有很丰满的毛发，长度中等，略呈波浪形。脸上、耳朵、前肢（羽状饰毛除外）、后肢（指腿以下）的毛发短且柔顺。随着年龄增加，毛发呈现的波浪会越来越厉害。短毛型边境牧羊犬全身的毛发都很短，胸部毛发丰满，前肢可能有饰毛。现在市面上最常见的是粗毛边境牧羊犬，毛发比较浓密，且较容易掉毛，因此，铲屎官们要经常给狗狗梳毛，并且注意狗狗的饮食，不要摄入过多盐分。

狗狗性格

边境牧羊犬长期看护羊群，渐渐培养出了"察言观色"的能力，待在家里时，它们不乱吠叫，随时等候主人的召唤，能敏锐地发现主人情绪的变化。当主人不开心时，它能围在主人身边做各种动作哄主人开心。当主人高兴时，它们能陪主人做各种游戏。

边境牧羊犬有着旺盛的精力和饱满的热情，愿意陪主人玩耍、劳动。铲屎官每天都要抽时间带它们去户外散步、玩耍，它们最喜欢的游戏是接飞盘，每年各地举办的狗狗飞盘大赛中，它们常常是冠军的有力竞争者。

拉布拉多猎犬：人类良好的协作伙伴

狗狗身份卡

名　称：拉布拉多猎犬、拉布拉多寻回猎犬

身　高：54～62 厘米

体　重：26～35 千克

体　型：中型犬

特　征：尾巴根部很粗，向尾巴尖逐渐变细，尾巴上没有饰毛，覆盖着厚厚的浓密被毛，呈现出奇特的圆形外观，被称为"水獭"尾巴

毛　发：双层被毛，易掉毛

颜　色：以黑色、黄色、米白色或巧克力色等单色为主

性　情：沉稳，有较高的智商，乐于接受训练，对主人的忠诚度很高，有一定的独立性，不过分黏人

拉布拉多猎犬有着优美的身姿，和善的性格。几百年来，聪明伶俐的它们一直是纽芬兰地区渔民们的得力助手。如今，它们在帮助盲人、灾害搜救等方面大展身手，同时，也是很多家庭中的优秀伴侣犬。

狗狗历史

拉布拉多猎犬在 18 世纪就是纽芬兰地区渔民们的好帮手了，主要从事拖拽渔网、海边捕猎等辅助工作。当地严寒的气候和长期的驯化使得它们的体型较大，肌肉结实，拥有超强的耐力，对自然环境有较强的适应能力。在 20 世纪初，拉布拉多作为一个独立品种被专家们确认。

狗狗外形

拉布拉多猎犬的头部从额头至鼻尖呈梯形，面部的被毛是细短的。它们鼻尖部分是黑色的，脸上也没有褶皱，这使它们的面部看起来干净清爽。从额头至鼻尖的部分有一条凹陷的弧度。两只耳朵间距较宽，外耳郭较大，耳朵通常像蒲扇一样向前下方耷拉着，和简洁的面部线条形成了萌趣的反差。

拉布拉多猎犬的被毛短而密实，分为内外两层。外层被毛又粗又硬，有一定的防水效果；内层被毛是柔软的绒毛，有很强的保温功能。拉布拉多猎犬的毛色很简单，基本以黑色、黄色、米白色、巧克力色等单色为主，有趣的是，有的黑色拉布拉多猎犬的胸口部位有一小块白色的被毛，看上去像一个可爱的心形图案。

尽管拉布拉多猎犬被毛不长，但是短而密实，是比较容易掉毛的品种，尤其是换季的时候，铲屎官要勤快些，经常给狗狗梳毛。

狗狗性格

拉布拉多猎犬生性沉稳，有较高的智商，乐于接受训练。它们对主人的忠诚度很高，喜欢和小孩子一起玩耍。日常中，即使小孩子无意中弄疼了它们或呵斥责骂，它们也毫不生气。

拉布拉多猎犬是天生的乐天派，在家中总是一副乐呵呵的样子。如果主人带它们去户外运动，它们就会像是过节一般快乐。它们特别被人们称道的一大优点是服从性很好，同时又有一定的独立性，即喜欢人又不过分黏人。它们常被人们训练为导盲犬、看护犬、搜救犬或缉毒犬。

金毛犬：犬界的游泳健将

狗狗身份卡

名　称：	金毛犬、金毛寻回犬
身　高：	54~62 厘米
体　重：	25~35 千克
体　型：	大型犬
特　征：	外层被毛长且顺滑，内层被毛是浓密柔软的绒毛，被毛颜色以黄色系为主，全身除了眼睛、嘴唇部位之外，其他部位没有杂色
毛　发：	双层被毛，易掉毛
颜　色：	黄色系为主
性　情：	智商很高，温顺和善，对主人非常忠诚，不喜欢打斗

　　金毛犬是铲屎官最喜欢养的宠物之一，和它们的名字一样，它们暖黄色的外表让人觉得温暖。就像我们所看到的，金毛犬是一种天生温顺的狗狗，有些金毛犬的铲屎官感慨道："我家的金毛犬对陌生人像对主人一样亲近。"

狗狗历史

　　19世纪时，苏格兰地区的人们喜欢外出打猎，猎犬在当时非常受欢迎。一位贵族将拉布拉多猎犬和一种水猎犬杂交繁育，逐渐形成了新的犬种——金毛寻回犬。它们继承了良好的基因，既有追寻猎物的能力，同时在游泳这件事情上也有着良好的天赋。后来，人们把它们带到了世界各地，并亲昵地称其为金毛犬。

狗狗外形

　　金毛犬在外形特征上和拉布拉多猎犬有一些相似之处，不过，金毛犬的被毛比拉布拉多犬要长一些，分为内外两层。外层被毛长且顺滑，内层被毛是浓密柔软的绒毛，有很好的保温性能。它的脖颈、胸膛、下腹部、后肢、尾巴等处的被毛较长，面部、前肢等处的被毛较短。被毛颜色以黄色系为主，既有乳黄色，也有金黄色和棕黄色。全身除了眼睛、嘴唇部位之外，其他部位没有杂色。

　　金毛犬在头部也呈梯形，额头较宽。两只眼睛的间距大，眼睛颜色是棕色或黑色。两只耳朵较为柔软，经常向前下方垂下。

　　它们的尾巴较长，呈自然下垂状态。尾巴后部有些稍微向上弯曲的弧度。尾巴的力度较小，很少有整只尾巴向上卷曲到背部上方的情况。

　　金毛犬是一种掉毛比较厉害的狗狗，铲屎官需要勤快些经常为它们梳毛。

狗狗性格

　　金毛犬继承了拉布拉多犬温顺和善的性格，对人类有一种天然的亲近感和信赖感，而且它们和其他动物相处时，也是很友好的。金毛犬是一种喜欢安静的狗狗，在家里，它们静静地卧着或者陪着主人走来走去。在诸多运动项目中，它们最擅长的是游泳，能在水里自由自在地玩很长时间而不感到疲惫。

　　金毛犬的智商很高，能轻松学会主人教的很多技能。经过训练后，它们对主人的命令有较好的服从性。因此，金毛犬和拉布拉多猎犬一样，经常被训练为缉毒犬和导盲犬。

秋田犬：主人的忠实伙伴

狗狗身份卡

名　称：秋田犬

身　高：58～70 厘米

体　重：25～40 千克

体　型：大型犬

特　征：脸部颜色像戏剧脸谱，直立的三角形耳朵，尾巴向背部上方卷曲

毛　发：双层被毛，不易掉毛

颜　色：赤色、白色和虎斑色。外层和内层的被毛颜色有一些差异

性　情：忠诚、沉稳、勇敢，精力充沛，喜欢运动，对其他动物有天然的敌视

　　秋田犬体型较大，善于追猎各种动物，但是它们亲近人类，乐于服从命令。随着经典电影《忠犬八公》的放映，秋田犬一时间变得举世闻名，世界各国兴起了饲养秋田犬的风潮。

 **狗狗历史**

　　秋田犬是日本特有的大型犬种。17世纪，日本人将猎熊犬和其他家犬杂交繁育形成了秋田犬。当时，秋田犬主要被日本贵族饲养，将其作为捕猎狗熊时的帮手和看家护院的护卫犬，后来也作为斗犬饲养。在日本，秋田犬是具有国家历史文物意义的犬，被誉为国犬。1931年，日本政府正式宣布秋田犬为日本天然纪念物。

 狗狗外形

　　秋田犬的头比较大，额头宽大，耳朵像直立的三角形。眼眶上方有一小片浅色被毛，就像一幅天然的眉毛，颇具喜感。有的秋田犬鼻梁的颜色为浅色，向上延伸至额头的位置，有点像戏剧脸谱，给高大的体型增添了一些可爱。它们的尾巴也很有特点，始终向背部卷曲，走起路来，左右晃动。

　　秋田犬有双层被毛，外层被毛又硬又直，内层被毛是柔软密实的绒毛。它们的肩部、臀部和尾巴的被毛较长。毛色比较丰富，有各种颜色和花纹。秋田犬整体看起来结实健壮，除了双层被毛呈现的厚实感外，它们的肌肉很结实，耐力和爆发力令人称赞。

　　秋田犬掉毛不严重，不过在换毛季会严重些，应该多给狗狗梳毛。

 狗狗性格

　　秋田犬对主人和家庭非常忠诚，有着非同一般的忍耐力，能接受家庭成员的命令，并较好的完成任务。但是，它们身上有着浓郁的捕猎基因，对其他动物有着天然的敌视感，会攻击家中或户外的其他动物。如果养育一只秋田犬，就要从小进行严格训练，减弱它们的攻击性。

　　秋田犬精力充沛，如果长期饲养在室内，会变得烦躁不安，甚至会破坏家中的物品，所以铲屎官最好每天带它们进行1～2个小时的户外运动，释放它们的精力。

柯基犬：自带喜感的短腿萌犬

狗狗身份卡

名　称：柯基犬、威尔柯基犬

身　高：26～32 厘米

体　重：11～17 千克

体　型：小型犬

特　征：头部像狐狸，黑色鼻子，耳朵直立，耳尖偏圆形，尾毛中长且不卷曲

毛　发：浓密双层中长被毛，头、耳朵与腿的毛发偏短，脖子的毛发最长，易掉毛

颜　色：淡黄色，金色，红色，黄褐色和白色

性　情：温和、勇敢、大胆

　　柯基犬身材矮小，但是性格稳健，非常机警。在幼年时就能听懂简单的口令，长大后有更强的服从性和判断力。它性格温和，善于陪伴孩子，一直以来都是英国王室最喜欢的宠物之一。

 **狗狗历史**

　　威尔士柯基犬的历史悠久，最早可以追溯到公元 12 世纪初。它的祖先是人们从其他地方带到威尔士的狗狗，也有专家认为它们是威尔士本土的狗狗和瑞典的一种短脚长身犬交配繁育产生的。自从这种狗诞生之后，以其身材娇小却机灵活泼而受到贵族阶层的欢迎，甚至一度成为英国国王的宠物。

 狗狗外形

　　外表萌萌的柯基犬有两个种类：卡迪根柯基犬和彭布罗克柯基犬。卡迪根柯基犬背部的毛质较好，彭布罗克柯基犬的身形短，腿骨显得又直又轻。

　　柯基犬的耳朵中等大小，总是保持直立的状态，圆形的耳尖让它们显得十分可爱。棕褐色的眼睛，炯炯有神，嘴部和鼻部的线条十分优美。它们的被毛适中，有短而厚的绒毛层，最外层的被毛相对较粗，能抵挡严寒和各种恶劣的环境。颈圈和胸部附近的毛发偏厚，躯干间的被毛则平伏。四肢短小有力，尾巴总是压得非常低，有点像狐狸的尾巴。速度和耐力都非常好，可作为看家护卫犬。

　　柯基犬掉毛比较严重，铲屎官们要多给狗狗梳毛，同时给狗狗提供科学合理的膳食，避免因为营养不均衡而大量掉毛。

 狗狗性格

　　柯基犬在狗类智商排行榜上位列第 11 名，一些简单的训练，比如排便、坐下、躺下、不吠叫、不撕咬等，它很快就能学会。因为性格温和，特别受孩子们的欢迎。

　　柯基犬很有活力，到了户外就会到处跑，回到家里却是另外一种表现，很少在家里乱跑、翻箱倒柜，或乱抓家具，它们更喜欢安静地趴着。

阿拉斯加雪橇犬：内心温柔的大狗

狗狗身份卡

名　称：阿拉斯加雪撬犬

身　高：56～66 厘米

体　重：32～43 千克

体　型：大型犬

特　征：眼眶上方有一块不同于脸上其他部位的颜色，看去就像眉毛一样可爱。两眼外眼角向上倾斜。尾巴又粗又长，经常向背部卷起

毛　发：双层被毛，掉毛严重

颜　色：灰色、黑色、白色、红棕色

性　情：活泼好动，在家中比较安静，忠诚度高，有一定的独立性，喜欢和同类群居

　　阿拉斯加雪橇犬来自寒冷的北美阿拉斯加地区，是最古老的极地雪橇犬之一。它们有着高大健硕的身材，极强的忍耐力，不仅能载运重物，而且还能背负重物行走很远的路程，是当地人们重要的运载工具和捕猎帮手。它们生性沉稳、忠诚、待人友好，是人们非常喜欢的大型犬之一。

狗狗历史

　　阿拉斯加雪橇犬曾是阿拉斯加和北极地区因纽特人生活中不可缺少的伙伴。在 17
世纪时，人们已经将阿拉斯加雪橇犬用于拖拽雪橇车、捕猎、看护家园等事情上，也
是这种寒冷的气候、恶劣的环境使得它们有着高大健壮的体型。

狗狗外形

　　阿拉斯加雪橇犬的外形有点像大号的哈士奇。头部宽阔，脸庞类似长三角形。耳
朵呈三角形，警惕状态时保持竖立。杏仁状的眼睛大多为深褐色。眼眶上方有一块不
同于脸上其他部位的颜色，看去就像眉毛一样可爱。

　　阿拉斯加雪橇犬的四肢骨骼粗壮，肌肉发达，站立时四肢略微倾斜。它们的脚趾紧
紧地并拢在一起，且稍微向上拱起，这有利于它们在冰雪或泥泞的道路上平稳地奔跑。

　　它们有双层被毛。外层被毛又粗又长，内层被毛柔软密实且带有油脂。它们的脖
颈部、背部和尾巴上的被毛较长，其他部位的被毛较短。被毛颜色较多，有灰色、黑
白色、红棕色等颜色。

　　阿拉斯加雪橇犬掉毛比较严重，尤其是在换毛季，掉毛更加严重，铲屎官们要多
给狗狗梳毛。

狗狗性格

　　阿拉斯加雪橇犬非常忠诚，当主人遇到危险时，它们会毫不犹豫地挺身而出保
护主人，和看上去威猛的外形不同，阿拉斯加雪橇犬性格温和，是人们最满意的大号
"抱抱熊"，无论怎么"欺负"它们，它们都不会生气。

　　它们活泼好动，喜欢和主人做各种互动游戏。如果日常运动量较少，它们就会心
情低落，甚至在家中搞破坏。它们很少吼叫，只有在心情低落或向主人抱怨时才会叫
上几声，发出的声音不是短促的叫声，而是像狼一样的低嚎。

　　它们是群居动物，喜欢和同类聚在一起生活。它们一旦认定某只狗狗为头领后，
就会遵守狗狗群体中尊卑有序的规则，向头领表示自己的服从。

哈士奇：脑回路清奇的"开心果"

狗狗身份卡

名　称：西伯利亚雪橇犬、哈士奇犬

身　高：51～58 厘米

体　重：16～27 千克

体　型：中型犬

特　征：外形像狼，毛发厚实。尾巴蓬松，像毛刷一样，有着类似于狐狸尾巴的外形，通常呈向上的镰刀状

毛　发：双层被毛，易掉毛

颜　色：黑白色、纯白色或者棕白色

性　情：精力旺盛，活泼，没有警惕心和防护意识

西伯利亚雪橇犬又名哈士奇犬，它们身材匀称，被毛漂亮。它们生性活泼，对人类没有攻击性。

哈士奇犬的精力非常旺盛，经常在家里上蹿下跳，做出各种怪异搞笑的事情，成为铲屎官的"开心果"。

狗狗历史

　　哈士奇犬是一种非常古老的犬种，它们原产于西伯利亚地区，是东西伯利亚游牧民族伊奴特乔克治族饲养的犬种，长期担任拉雪橇、引导驯鹿及守卫等工作，与金毛犬、拉布拉多犬并列为三大无攻击性犬类。20 世纪初，它们被毛皮商人带至美国，随后被世界各地广泛饲养。

狗狗外形

　　哈士奇头部呈长三角形，耳尖有圆滑的弧度。杏仁状的眼睛向斜上方倾斜，眼睛颜色既有蓝色、褐色，也有"鸳鸯眼"。所谓"鸳鸯色"是一只眼睛蓝色，另外一只眼睛褐色。额头上有三条白色的被毛，和周边黑色的被毛形成了较大的反差，让它们的面部表情变得活泼，甚至有点滑稽，因此常常成为让铲屎官开心的"表情包"。

　　哈士奇鼻尖部位的颜色很有趣，会随着季节的变换而发生改变，在夏季时鼻尖的颜色是黑色的，到了冬季就会因为阳光照射不足而变成粉红色或棕色，这就是有名的"冬鼻"现象。

　　哈士奇的被毛分为两层，外层被毛又长又粗，里层被毛柔软密实，后背、尾巴、脖颈等处，被毛较长。被毛的颜色多种多样，从黑白、灰白、全白，甚至棕白色都有。这种狗狗掉毛比较严重，铲屎官需要经常给它梳毛。

狗狗性格

　　哈士奇性格活泼顺从，亲近人类，能热情地面对身边的每一个人，因此成为年轻人最喜欢的宠物之一。但是，如果它们长期被关在家中，就会因烦闷无聊、精力过剩而做出一些拆家的举动。

　　网上流传很多关于它们的搞笑表情包，它们也因此成为大名鼎鼎的"二傻"。其实，哈士奇并不是真的傻，只是它们对人类和其他狗狗没有警惕心和防护意识。一旦遇到意料之外的麻烦事或被其他狗狗欺负时，个头不小的它们总会显出一副无所适从的搞笑样子。

萨摩耶犬：微笑天使

狗狗身份卡

名　　称：萨摩耶犬

身　　高：45～56 厘米

体　　重：22～30 千克

体　　型：中型犬

特　　征：一身洁白无瑕的被毛，嘴角两端上翘，看上去仿佛在微笑

毛　　发：双层被毛，掉毛严重

颜　　色：纯白色，或白色中带有淡淡的奶酪色或浅棕色

性　　情：聪明伶俐，温顺活泼，待人友好，对人类没有攻击性

　　萨摩耶犬是狗界的"微笑天使"，当一只萨摩耶犬咧开嘴微笑时，会让人开心并放松下来。萨摩耶犬有着独特的美貌，一身洁白无瑕的被毛，让它们看上去干净亲和、没有攻击性。有意思的是，有些萨摩耶犬的铲屎官觉得自己的狗狗过于亲和，谁有好吃的东西，它们就会跟谁走。

狗狗历史

　　萨摩耶犬原产于西伯利亚地区，主要是当地人们打猎的助手，还会担任拉雪橇等工作。17 世纪时，一个名叫萨摩耶的部落饲养了很多这种狗狗，后来其他部落也相继使用这种狗狗协助人们的日常工作。他们就用部落的名称称这种狗狗为萨摩耶犬。

狗狗外形

　　萨摩耶犬身上有双层被毛，外层被毛较长且硬，内层是又细又软的绒毛层。在它们的脖颈处、后背和尾巴等处被毛较长，其他部位的被毛较短。被毛的颜色以纯白色，或白色中带有淡淡的奶酪色或浅棕色为主。它属于长毛犬，且毛发量大，因此掉毛比较严重，铲屎官们要经常给狗狗梳毛，同时让狗狗合理饮食，避免盐分过量摄入。

　　萨摩耶犬额头较宽，杏仁状的眼睛有黑色也有深褐色，在一身雪白的被毛的衬托下显得灵动而可爱。

　　它们的鼻子有黑色、深棕色等颜色。有趣的是，当天气变化或者它们年龄增加时，鼻子的颜色会发生变化。它们因为嘴角两端上翘，看上去仿佛在微笑，所以被人们称为狗狗中的"微笑天使"。

　　萨摩耶犬的尾巴比较有特点，尾巴长度小于身长，休息时尾巴自然下垂。当它们玩耍或兴奋时，又或者警惕心较强时，尾巴就会向背部上方翘起。

狗狗性格

　　萨摩耶犬不仅颜值高，而且还很聪明，工作犬出身的它能很快学会新东西。铲屎官在狗狗小时候开始驯养，能培养狗狗一些好的生活习惯，狗狗长大后能听从铲屎官的指挥，不会肆无忌惮地搞破坏。

　　萨摩耶犬生性温顺活泼，待人友好，对人们没有攻击性。它们不但能和家庭成员和睦相处，还能友好对待家中的访客。外出玩耍时，它们也能与陌生人，以及其他狗狗和平相处。

腊肠犬：识别度很高的"活腊肠"

狗狗身份卡

名　称：腊肠犬

身　高：15～25 厘米

体　重：迷你型腊肠犬，体重在 5 千克以下；标准型
腊肠犬，体重在 7～15 千克之间

体　型：小型犬

特　征：身体躯干细长，四肢短小

毛　发：有长毛、短毛、刚毛三种，不易掉毛

颜　色：黑色、灰色、深棕色、棕红色等

性　情：勇敢热情、护家忠诚，适应性和好奇心强

　　腊肠犬有着引人瞩目的奇特外貌特点：细长的身躯和短小的四肢。它们的名字取自它们外形的特点。当它们卧下时，就像一条大号的腊肠；走起路来，又像一只摇摇晃晃的鸭子。腊肠犬虽然长相很特别，看上去不像其他狗狗那么能干，但实际上它们在捕捉狭窄洞穴内的小动物时可是一把好手！

狗狗历史

　　腊肠犬起源于德国，有着悠久的历史，它们在古罗马时期就已经陪伴人们打猎了。腊肠犬虽然长相有些另类，但它们擅长在灌木丛、洞穴等处捕捉兔子、狐狸等小动物。

狗狗外形

　　腊肠犬最显著的特点是身体躯干长而四肢很短，走路时摇摇晃晃的样子憨态可掬。它们的眉骨向上隆起，两只杏核样的眼睛一般是黑色或深棕色，在同样细长的脸上显得分外突出。双耳的基部面积较大，外耳郭像大片的树叶，软软地向前方耷拉着。这种独特的耳朵便于它们在狭小的空间内准确分辨细微的声音。

　　腊肠犬的嘴部较长，下颌肌腱发达，有较强的咬合力，利于它们在狭小的空间内撕咬猎物。和其他的狗狗相比，它们的鼻尖部位较大，上面有丰富的嗅觉神经细胞，利于它们在复杂的地形条件下分辨不同的气味和追踪猎物。

　　原本腊肠犬只有短毛一种类型，后来在德国人的繁育下形成了多种被毛形式的腊肠犬类型。人们按照它们的体型分为两种：迷你型腊肠犬，一般体重在 5 千克以下；标准型腊肠犬，体重在 7 ~ 15 千克之间。它们又各自分为三种被毛类型，分别是短毛腊肠犬、长毛腊肠犬和刚毛腊肠犬。

　　短毛腊肠犬的被毛又短又光滑，紧紧地贴在皮肤上，它们的身上不容易沾上杂物，清理被毛也较为容易。它们的被毛颜色大多以黑色、灰色、深棕色、棕红色等为主，在胸膛等部位带有一些褐色或其他浅色的斑点。

　　长毛腊肠犬最大的特点就是身上长长的被毛。在它们的背部、耳朵、腹部和尾巴处都有较长且略带弯曲的被毛，看起来非常漂亮，给长毛腊肠犬打理完被毛后，它们的形象非常自信，有贵族范儿。被毛颜色和短毛腊肠犬类似。

　　刚毛腊肠犬身上的外层被毛又粗又硬，它的嘴部、胸腹部的外层被毛较长，其余部位较短，除了外层被毛外，它们内层被毛是又细又软的绒毛，被毛颜色和短毛腊肠犬类似。

　　无论长毛、短毛还是刚毛，腊肠犬都属于掉毛不严重的犬类。

狗狗性格

　　腊肠犬最初是作为狩猎犬被人们饲养的，至今它们仍保留着祖先勇敢热情、护家忠诚的性格特点。腊肠犬在各种环境中都有较好的适应性和好奇心，它们会随时随地找到有趣的东西作为自己的玩具。

　　腊肠犬在户外会玩得很开心，同时，它们也会关注铲屎官的一举一动。当铲屎官走远时，它们会马上飞奔着追过去，腊肠犬很少出现在户外玩耍时跑丢的情况，这让铲屎官轻松不少。

　　腊肠犬生性活泼，而且非常自信，即使铲屎官不在身边，它们也能把每一天都过得很开心。它们在家时会表现得安静乖巧、不乱叫，也不会破坏家中的物品，对待小孩子也有很强的耐心，是一种很棒的伴侣犬。

松狮犬：高贵的皇家宠物

狗狗身份卡

名　　称：松狮犬

身　　高：46～56 厘米

体　　重：20～33 千克

体　　型：中型犬

特　　征：眼睛陷在厚实的被毛里，眉骨周围的皮肉松
　　　　　弛地垂下来，看上去愁眉苦脸的样子，舌头
　　　　　是蓝黑色

毛　　发：短毛和长毛两种类型，均是双层被毛，掉毛
　　　　　有些严重

颜　　色：褐色、白色、黑色、奶油色等

性　　情：忠诚，聪明，友好，性格沉稳，有一定的独
　　　　　立性

　　松狮犬身材健硕高大，有一身漂亮而密实的被毛，它们的耳朵、脸部和四肢都陷进了毛茸茸的被毛里，眼睛好像总是睁不开，远看像是一头温和的狮子。松狮犬表情沉稳，就连走起路来也是从容不迫的。

狗狗历史

　　松狮犬是我国本土著名犬种，在两千多年前已经被人们驯化为狩猎和护卫犬。后来，它们以独特的外形、忠诚而沉稳的性格成为皇帝以及王公大臣们喜爱的宠物狗。

　　在 19 世纪末期，松狮犬被英国人带回国献给了维多利亚女王。不久之后，英国掀起了一股养育松狮犬的热潮，英国人还为此成立了松狮俱乐部。20 世纪初，松狮犬渐渐被引入更多国家。

狗狗外形

　　松狮犬的外形有点像狮子，尤其是脖颈处厚厚的被毛和宽大的嘴唇，让人觉得勇猛而憨厚。

　　松狮犬身上裹满了厚厚的被毛，它们的头部也被被毛占据，眼睛深陷在被毛里，眉骨周围的皮肉松弛地垂下来，看上去愁眉苦脸的，很有趣。但是，松狮犬脸上褶皱和被毛多，容易积存污垢，铲屎官要经常帮它们擦拭眼角和褶皱的地方。它们的外耳郭小小的，像是埋在长长的被毛中不小心露了出来。

　　松狮犬最与众不同的地方是它们的舌头是蓝黑色的，这在狗狗中显得独树一帜。

　　松狮犬有短毛和长毛两种。短毛松狮犬外层被毛短，但是又粗又硬，内层被毛则柔软细密。长毛松狮犬的外层被毛较长，内层被毛短而柔软，有点像绵羊。它们脖颈、脸颊、后背和尾巴等处的被毛较长，其他部位的被毛较短。另外，在前肢的侧面有一些较长的装饰性被毛。被毛颜色大都是黄褐色、白色、黑色、奶油色等，腹部、尾巴下侧和四肢侧面的颜色较浅，其他部位的颜色较深。

　　松狮犬属于掉毛比较厉害的犬种，铲屎官需要做好充分的准备，经常帮它们梳毛。

狗狗性格

　　松狮犬看上去个头高大雄壮，但其实它们性格文静。它们在家中从不乱叫，常静静地卧在地上看着铲屎官忙碌，或者自己在家中来回溜达。松狮犬并不像看上去那么笨笨的，它们很聪明，能很快听懂铲屎官的命令，但是它们有时不会听从，而是固执地坚持自己的想法和做法。养一只圆滚滚的松狮犬，要从小对它们进行大量训练，这样在成年后，它们会更温顺听话。

斗牛犬：很丑却很温柔

狗狗身份卡

名　称: 斗牛犬

身　高: 英国斗牛犬 30～36 厘米，法国斗牛犬 30 厘米

体　重: 英国斗牛犬 22～26 千克，法国斗牛犬 10 千克

体　型: 中小型犬

特　征: 满脸褶皱，看上去有点丑，嘴部类似方形，下颌有些突出，被毛短

毛　发: 短毛，掉毛比较少

颜　色: 以白色为主，夹杂黄褐色、红色或黑色斑纹

性　情: 温顺黏人，勇敢忠诚，在家中很安静，对其他动物和陌生人和善

　　斗牛犬满脸褶皱，恐怕是狗狗品种里长相最丑陋的了，但它们的外表与温柔的内心并不匹配，它们虽然长相有些丑陋，但却是一种温柔黏人的狗狗。

　　斗牛犬身材矮小却勇猛有力，它们的祖先为斗牛而生。如今，斗牛犬经过不断地训练，已经变得温和顺从，成为人们最喜爱的宠物犬之一。

狗狗历史

斗牛犬的原产地是英国，它们曾作为节庆活动中的斗牛专用狗狗而存在。后来，英国禁止斗牛及虐待动物的法令颁布后，它们失去了用武之地。人们便将它们和其他种类的狗狗杂交繁育，将其原本暴躁好斗的性格驯化得安静温顺。如今斗牛犬是十分称职的家庭宠物犬。

 ## 狗狗外形

斗牛犬脸上和身上的皮肤有很多褶皱。鼻梁部分下凹，使得鼻子倾斜向上，鼻梁上也堆积着褶皱。整个头部又大又方，外耳矗立在头顶，耳郭柔软地向前方垂下。它们嘴部类似方形，下颌有些突出，形成了类似"地包天"的样子。脖子又短又粗，前肢之间宽度较大，这使得它们的肩胛骨和胸膛都很宽厚，而腰部较窄。斗牛犬的四肢短小粗壮有力，不同的斗牛犬尾巴的形态也不同，有的斗牛犬的尾巴自然下垂，还有的尾巴会扭曲成一团。

斗牛犬身上被毛很短，紧紧地贴在皮肤上。颜色比较复杂，常见的被毛颜色有虎斑色、驼色、白色、虎斑色带白色等。

斗牛犬属于掉毛比较少的犬类，养起来相对省事儿。

狗狗性格

如今的斗牛犬虽然外表看上去丑陋凶恶，但是它们已经没有了祖先暴躁好斗的个性，变得温顺黏人。它们继承了祖先勇敢、忠诚的优良品质，在家中表现得很安静，就像一个听话的乖宝宝。它们对其他动物和陌生人也有较为和善的态度，从不主动惹是生非。但如果遇到其他狗狗的挑衅，它们身上斗牛的气概就会显现出来，会毫不畏惧地与对方搏斗且决不退缩。

可卡犬：野鸟终结者

狗狗身份卡

名　　称：可卡犬、猎鹬犬
身　　高：37～42 厘米
体　　重：13～15 千克
体　　型：中型犬
特　　征：耳朵比头部还长，长满了长而厚的波浪状
　　　　　饰毛
毛　　发：双层被毛，掉毛比较严重
颜　　色：纯黑色、咖啡色、淡黄色等单色，也有白色、
　　　　　咖啡色或者黑色、奶油色等双色
性　　情：活泼好动、行动敏捷、忍耐力强，对主人非
　　　　　常忠诚，有一定的独立性

可卡犬的外形非常漂亮，比头部还要长很多的耳朵最为独特，耳朵上的被毛像波浪一样卷曲，自然地垂在两侧。嘴巴闭上时，脸上的表情看上去有些难过，嘴巴张开，吐着舌头时，又像是在微笑。这种狗狗看上去可爱、高贵，但它们曾是人们捕猎飞鸟的得力帮手，如今，它们是很多铲屎官心仪的狗狗品种。

🐕 狗狗历史

可卡犬的祖先是西班牙一种古老的猎犬。后来，它被人们带到了英国，帮助人们捕猎野鸟及其他小动物。它们的名字"可卡"就来自于当时经常捕捉的一种飞鸟的名称。在 18 世纪时，英国人根据用途不同将它们分为陆地猎犬和水中猎犬，后来人们将它们群体中体型小巧的猎犬称为可卡犬，而将体型大的猎犬称为史宾格犬。

🐕 狗狗外形

可卡犬非常漂亮，头部呈梯形，长长的鼻梁。耳朵又长又柔软，向前下方垂坠着，耳朵上长满了长而厚的波浪状的饰毛。鼻尖宽大，便于在野外通过嗅觉搜寻小型的鸟类等猎物。可卡犬属于长毛犬，被毛很有特色。外层被毛又粗又长，自然下垂。英国可卡犬的外层被毛有些卷曲，就像烫过一样漂亮，增加了几分俏皮的风格。美国可卡犬的被毛卷曲程度较低，大多是顺直地下垂，给它们增添了飘逸尊贵的气息。它们的内层被毛细短且密实。它们的耳朵、胸腹、后背等处被毛较长，其他部位的被毛较短。

它们被毛的颜色较多，既有纯黑色、咖啡色、淡黄色等单色，也有白色和咖啡色间杂着黑色和奶油色等双色或三色系。可卡犬掉毛比较严重，铲屎官们要经常给它梳毛。

🐕 狗狗性格

看到可卡犬漂亮乖巧的外表，你可能想象不到，它们的祖先是捕猎飞鸟、野兔等小型动物为主的猎犬，它们身上有着活泼好动、行动敏捷、忍耐力强的优秀基因。可卡犬对铲屎官非常忠诚，而且很会察言观色。铲屎官忙碌的时候，它们只是在旁边蹦蹦跳跳表达欢乐心情，不会干扰主人做事。

但也有少数可卡犬的独立性很强，喜欢自由自在玩耍，对主人的命令和约束有些抗拒。因此，如果铲屎官想让自己的可卡犬成为一只优秀的伴侣犬，要从它小时候就开始进行科学训练，才能让它们在成年后有更好的顺从性和自控性。

可卡犬精力旺盛，特别喜欢运动。长期困在室内，容易出现焦躁不安、郁郁寡欢，甚至生病的情况。因此，铲屎官最好每天陪它们出门运动 1 ～ 2 个小时。

吉娃娃：世界上最小的狗狗

狗狗身份卡

名　　称: 吉娃娃犬

身　　高: 15～23 厘米

体　　重: 1～3 千克

体　　型: 小型犬

毛　　发: 有短毛和长毛两种，掉毛较少

特　　征: 眼睛又大又圆，耳朵大，尾巴呈镰刀状高举或向外，尾尖刚好触到后背毛发

颜　　色: 各种颜色都有

性　　情: 聪明，忠诚，勇敢，对主人有独占心

　　吉娃娃犬是世界上最小的犬种之一，它身材小巧，但是勇敢机警，意志坚韧，动作迅速而优雅。它既可以是可爱的小型玩具犬，也具备大型犬的狩猎和防卫能力，很受人们喜爱。它对生活空间要求不高，很适合生活在城市里的人饲养。

狗狗历史

　　吉娃娃犬最早出现于 19 世纪左右，是由多种品种繁育而成。它是美国最受欢迎的 12 个犬种之一，1923 年成立吉娃娃犬俱乐部。1949 年，英国也成立了吉娃娃犬俱乐部。

狗狗外形

　　小巧可爱的吉娃娃拥有圆形的像苹果一样的脑袋，眼睛又大又圆，一般为黑色或者红色，耳朵很大，休息时两耳朵会分开成 45 度角，警觉时会保持直立。

　　吉娃娃犬分为短毛和长毛两种，短毛型的被毛质地非常柔软、紧密且光滑；长毛型的被毛质地柔软、平整或略曲。

　　吉娃娃犬的颜色非常多，各种颜色都有，也有的带斑块或者斑点。

　　吉娃娃属于掉毛较少的犬种。

狗狗性格

　　吉娃娃尽管体型很袖珍，但是却很勇敢，即使面对一些大型犬类也毫不畏惧。它们很聪明，动作敏捷，意志坚韧，因此既可以当观赏犬，也可以当警卫犬。它们的独占心比较强，不喜欢外来的狗狗。据说它们和孩子们可以相处得很愉快。

蝴蝶犬：耳朵像翩翩起舞的蝴蝶

狗狗身份卡

名　称：蝴蝶犬

身　高：20~28 厘米

体　重：3~5 千克

体　型：小型犬

毛　发：长毛，掉毛不严重

特　征：耳朵上的饰毛如翩翩起舞的蝴蝶

颜　色：白色加其他颜色的斑纹

性　情：活泼，聪明，勇敢，智商高，服从性好，对主人有独占心

　　蝴蝶犬是一种高颜值的狗狗，它们因为耳朵上的饰毛像翩翩起舞的蝴蝶而得名。蝴蝶犬活泼聪明，智商高，又很听主人的话，很容易训练它们学习各种动作，属于很受人欢迎的观赏犬。

 **狗狗历史**

蝴蝶犬的身世和来源无法考证。有一种说法认为，它们起源于 16 世纪，是欧洲最古老的品种之一。蝴蝶犬引进法国后，当时出入法国皇宫和贵族之门，成为权贵贵妇的掌中珍宝。它们耳朵上的长毛直立装饰，犹如翩翩起舞的蝴蝶。美国及英国的蝴蝶犬爱好者也积极参与繁衍该品种。

另一种说法则是，1545 年出现了第一只蝴蝶犬被买卖的记录，人们认为它们是从中国传到西班牙的猎鹬犬种。16 世纪，开始在西班牙和法国的贵族中流行起来。据说苏格兰女王玛丽的爱犬查理士王猎犬就是蝴蝶犬，可见当时蝴蝶犬有多么受欢迎。

 **狗狗外形**

蝴蝶犬眼睛圆，颜色暗，耳朵大，耳尖圆。毛量丰富且长，像丝一样飘逸，直且有弹性。蝴蝶犬最明显、最漂亮的是它们耳朵上的饰毛像蝴蝶的形状。尾巴上有长而飘逸的饰毛，挂在身体两侧。

立耳型的蝴蝶犬两只耳朵都斜着伸展开，形状很像展翅欲飞的蝴蝶，当它警觉时，两个耳朵会与头部形成 45 度夹角；垂耳型的蝴蝶犬耳朵是下垂的，且完全向下。嘴形精致，从头部下来突然变细，鼻尖非常细。

蝴蝶犬属于掉毛不严重的犬种。

 **狗狗性格**

蝴蝶犬是一种聪明活泼的狗狗，它灵敏开朗，智商高，对主人热情、友好，很听主人的话，很容易训练它各种动作。它还很勇敢，即使面对凶狠的大型狗狗，它也不会畏惧退缩。不过，它对主人有独占心态，希望能得到主人全部的关注和爱。对于陌生人和其他宠物，尤其是抢走主人关爱的外来者，有嫉妒心理。

Part

2

狗狗的日常照料，
养出健康可爱的宠物

领养、购买狗狗的途径

很多人希望能够有一只可爱的狗狗陪伴在身边，那么，有哪些领养、购买狗狗的可靠途径呢？

从亲朋好友处领养

我们身边很多人都养狗，如果他们有即将生育的母狗，同时又是你喜欢的品种，那不妨向他们请求在母狗生育后收养其中一只幼犬。

这种领养方式的优点是：你能真正了解狗妈妈和幼犬的健康情况，避免幼犬身上携带遗传病和传染病的病毒。而且这种居家生活的狗，喂养条件优渥，身体素质会比宠物店和犬舍里的狗狗更强健。

从正规的宠物商店购买

无论繁华的大都市，还是小城市，总能找到大大小小的宠物交易商店。这些商店常年出售猫咪、犬类等日常宠物。如果你对狗狗的血统、品种、样貌等有要求，在这些宠物商店里就更容易找到比较心仪的狗狗。

需要注意的是，要选择有合法工商登记、手续齐全的正规宠物商店购买狗狗。一家正规的宠物商店，除了有营业执照、税务登记证这两个证件外，还要有犬类经营许可证。在这种正规的宠物店购买狗狗，铲屎官的权益才能在购买前后都得到较好的保障。

在宠物商店购买狗狗有三个优点：

一是宠物商店里的狗狗品种多，外貌各有特点，有更多可选择的空间。

二是宠物商店往往还出售狗粮、狗狗玩具、牵引绳和其他狗狗用品，方便一并购买回家。

三是在宠物商店里购买狗狗更安全。我们可以在宠物商店直接看到狗狗，观察它的外观和表现，得知狗狗的健康情况，排除一些肉眼可辨的疾病。

另外，宠物商店的主人通常也是当地活跃的爱狗人士，对店里每条狗的习性非常了解。当你选择了一条狗之后，可以直接从老板那里了解到这条狗的生活习惯和性格特点，同时初步学习一下喂养狗狗的相关知识。

🐾 通过网络交易平台购买

现在很多年轻人喜欢通过网络交易平台购买狗狗，他们认为网络平台可供选择的狗狗品种更多，能买到自己想要的品种，而且节省了去线下宠物商店的时间和精力。

正规的网络平台大多有自己的宠物繁育基地或其他相应稳定的来源，所以才能确保他们常年对外销售宠物。这样的商家在饲养宠物以及相应的医治方面有丰富的经验。

但是，通过网络平台购买狗狗是存在一定风险的。铲屎官无法看到狗狗的真实情况，远不如现场挑选更为安心。如果遇到不靠谱的商家，收到的狗狗可能会有健康问题，双方容易因此产生纠纷，可能给铲屎官带来不小的烦恼和损失。

从动物救助组织或宠物医院领养

我国很多城市都有救助流浪狗的慈善组织。他们会把流浪狗收容到固定的救助场所，帮它们体检、注射狂犬病疫苗、驱虫、治疗疾病等，在它们康复后再交给爱心人士收养。另外，一些宠物医院也会和相关的志愿组织合作，进行慈善活动，对收容的流浪狗免费诊治，并做绝育手术。随后，他们会将狗狗无偿赠送给有爱心的家庭喂养，并定期联系询问狗狗的情况。

人们通过这种途径收养狗狗能省去购买的费用，也不用担心狗狗是否有隐藏伤病。但是这种途径也有不利之处，被救助的狗狗中可能不会有你想要的名贵品种，而且流浪狗大多已经成年，它们经历了流浪生活后对人有较强的警惕心，很多狗狗习惯了四处流浪的生活，不愿意长期被束缚在家中，很难像幼犬那么忠诚。如果你是第一次养狗，建议你收养幼犬或者温顺、亲近人的狗，不宜收养成年的、性情不了解的流浪狗。

> **TIPS**
>
> 无论你打算通过上述哪种途径选择狗狗，最好先咨询有丰富养狗经验的朋友或相熟的宠物医师，听取他们的建议。如果方便的话，最好请这些朋友在空闲时陪你一起挑选狗狗。他们的相关知识和经验不是一个"菜鸟"所能比的，能帮你更好地选择一只健康、温顺的狗狗。

养狗前需要准备的物品

准备养一只狗狗，意味着家里即将增加一位新成员。铲屎官自然要给它准备好各种必需物品，给它提供舒适方便的生活环境。

🐾 狗狗的寝具

这是狗狗休息的专门场所，包括狗窝、狗笼子等。从小让狗狗养成在狗窝睡觉的习惯，随着狗狗长大，它不会随意跑到床上或沙发上睡觉。较为封闭的狗笼子，能在家中来客人时，避免狗狗对客人做出不安全的行为，或对客人造成惊吓。同时也是带狗狗出门旅行时必需的活动"卧室"。

🐾 狗狗的餐具

狗狗的餐具包括食盆和水盆，材质可以选择不锈钢的，尽量不要选用塑料材质，以免时间久了塑料材质散发出有害物质，同时也能避免狗狗将餐具咬坏，误食碎片发生意外。

🐾 狗粮和零食

狗粮是狗狗日常的主食，也是养狗日常开销中最大的部分。要根据狗狗的不同年龄、不同体质选择不同的狗粮，让它们能够有更充足的营养保证。

零食是狗粮之外的营养补充，也是训练狗狗时的"好帮手"。

🛢 玩具

给狗狗选择一些环保、安全的玩具，既能让它消磨时间，还能避免它无聊时破坏家中的物品。

🛢 清洁用品

狗狗喜欢舔舐撕咬东西，嘴巴里的唾液也很丰富，导致嘴巴里容易有异味。为了清除异味和保护牙齿，要经常给它刷牙，所以专用的牙膏、牙刷、指套等产品也是必不可少的。同时，狗狗的指甲生长很快，里面的血线也会越长越长，要准备专用趾甲剪，定期给它们修剪指甲。

同时，为了保持狗狗身体的清洁卫生和皮毛健康，还需要给狗狗准备清洁用品和梳理毛发的用品，包括狗狗沐浴露、洗耳液、洗眼液以及狗狗专用梳子等。

🛢 狗狗的外出用品

包括项圈、牵引绳、嘴套等用品，这些用品要根据狗狗的体型选择合适的尺寸。在狗狗出门前，给它带上项圈和牵引绳，既能避免狗狗乱跑，也能训练它们的服从性，还能避免它们与其他动物打架或误伤他人。

🛢 常用药品

可以在家中常备一些给狗狗皮肤伤口消毒的专用药品、棉签、纱布等，另外，比熊犬、柯基犬、萨摩耶犬、阿拉斯加雪橇犬、哈士奇犬这几个品种的狗狗肠胃功能比较脆弱，可以准备一些促进狗狗肠胃消化的益生菌，以及适合狗狗的微量元素补充剂。

TIPS

在给狗狗准备日常物品时，要秉承"少而精"的原则，以免狗狗用不上而造成浪费。另外，如果家中的其他物品可以作为替代品给狗狗使用，就不建议再去购买，更不宜因为自己看着"漂亮""可爱"而购买，因为狗狗并不在意你给它用的物品是否美观大方，只要实用即可。

领养前这样对狗狗健康检查

无论从什么渠道领养或者购买狗狗，最好选择两三个月的幼犬。这个年龄的狗狗开始能够独立生活，对新环境更容易适应，也容易和铲屎官建立牢固的感情。那么，如何挑选一只健康的狗狗呢？

观察狗狗的眼睛。健康狗狗的眼睛干净、明亮且随着移动物灵活转动，上下睫毛干净整齐，眼中没有过多的分泌物、血丝或浑浊白斑等。

观察狗狗的耳朵。把狗狗放在平稳的地方，在它的周围制造出响动，如果狗狗看向声音的来源，说明狗狗耳朵的听力是正常的。如果狗狗不停地抓耳挠腮、左右摇头，很可能是狗狗耳朵的内部有寄生虫。这时，可以把狗狗的耳朵外翻，查看里面是否有异味，是否红肿，是否有黑色附着物、硬块等污物。

观察狗狗的鼻子。健康狗狗的鼻孔干净，没有鼻涕等分泌物，鼻尖微微湿润，用手轻轻碰触有凉爽的感觉。

观察狗狗的口腔和牙齿。牙齿对狗狗来说非常重要，把狗狗放在比较高的位置，平视的角度方便检查狗狗的口腔。

用一只手固定住狗狗的下颌，另一只手轻轻掰开上下唇，让牙齿和牙龈露出来，观察牙齿表面是否有斑点，是否有光

泽，检查上下牙龈是否是粉红色。进一步分开狗狗的上下颚，检查口腔内部是否有红肿、硬块、溃烂的地方。

观察狗狗的肛门。健康狗狗的肛门干燥，周围被毛较为干净。如果狗狗患有肠胃疾病，产生腹泻时，它的肛门处会有污物，周围的被毛也较脏，擦干净后仍湿漉漉的。

观察狗狗的体型和骨骼。把狗狗放在桌子或地面上，仔细观察狗狗走路的形态。健康的狗狗，身材比例匀称，行动自如，没有跛脚的情况。抱起狗狗时，你能感觉到它的骨骼较为结实，皮肤和肌肉有一定的弹性。用手抚摸它的背部，能感受到它的脊柱连贯，没有额外突出的部分。

TIPS

选择狗狗前，你应先确定想要哪个品种的狗狗，并查阅资料了解这类狗狗是否有遗传疾病，或易患上哪些疾病。对这个品种的狗狗有了充分了解后，再认真考虑是否选择它。新手铲屎官最好同时查看多个比较喜欢的狗狗品种，从中选择遗传疾病隐患最少，且适应性较强的狗狗。

带狗狗回家后要做的几件小事

　　无论狗狗多么聪明可爱，它们身上仍然保留着狩猎型动物的天性，而且它们是群居动物，习惯于服从群体中的头领。如果头领犬软弱无能，狗狗就会想方设法取而代之。因此，铲屎官把狗狗带回家后，要利用狗狗的天性，训练它服从命令，让它明白自己的地位，树立起铲屎官的权威，而不是随意溺爱它们。

划定狗狗的活动区域

　　在狗狗心中，它的领地代表它的地位，如果能随意进出铲屎官的房间，并在床上睡觉，那它就会觉得自己在家里的地位是跟铲屎官平等的，甚至超越了铲屎官。因此，把狗狗带到家里后，就要给它立下规矩，让它明白哪些地方可以去，哪些地方没有得到允许就不能进入，一旦违反就要受到批评和处罚。

　　另外，家中过道、楼梯等人们经常来往的地方，也不要让狗狗随意躺卧，否则它会认为自己理所当然可以在这里休息，甚至可能把这些地方视为自己的领地。

　　同时，在家中也不要允许狗狗在椅子、桌子等较高的家具上休息，因为在狗狗心中，居于高处位置的就是首领，通常狗群的首领就是在高出地面的位置俯视、观察周围情形的。如果让它们站在椅子或桌子上，它们会认为自己的家庭地位得到了提高，这样将不利于训练狗狗的服从性。铲屎官带领狗狗出门时要让它在自己侧后方行走，而不是跑在前边，尤其是在进门的时候，要让狗狗明白主人应该优先进门，自己随后跟进。如果狗狗违反了这个原则，要对它适当惩罚，让它明白应该怎么做。

让狗狗养成作息规律的好习惯

狗狗在小时候睡眠时间会比较长，玩耍时间会比较短，这个特点有利于培养它们形成规律的作息习惯。铲屎官可以在狗狗小的时候，训练狗狗养成和自己一样的作息时间，比如，晚上睡觉前安抚狗狗休息，当狗狗想玩耍时要及时阻止它，早晨你起床后也要把狗狗叫醒，让它开始活动。白天多跟狗狗玩耍，带狗狗出门散步。经过一段时间的刻意训练后，狗狗的作息时间会渐渐和铲屎官同步。

让狗狗养成在固定地方睡觉、进食的习惯

选择干燥、舒适、开阔的地方放置狗窝和狗笼，作为狗狗固定的休息场所，让它明白，在家里只有这个地方才是它睡觉休息的地方。同样，狗狗进食的食盆和水盆也要放置在固定的地点，让它养成去固定地方吃东西的习惯。

TIPS

> 在训练狗狗规律作息时，要注意狗狗的如厕地点不应和睡觉、吃饭的地方在一起，狗厕所可以放置在卫生间或家中其他通风的地方，并且把位置固定下来，养成习惯后能避免它们随地大小便。

纠正狗狗乱吠叫、扑咬人的不良习惯

> 吠叫是狗狗的一种本能。当它发现了感兴趣的东西或者是想发出预警的时候，都会吠叫。但是，有时候狗狗的吠叫也会干扰或惊吓到他人，让人不快。比如家里来了客人时，狗狗的吠叫会让客人害怕和尴尬；狗狗在半夜时吠叫，会影响邻居休息，引起邻里矛盾。
>
> 所以，我们要根据狗狗吠叫的原因，及时纠正狗狗乱叫的坏习惯。

狗狗听到屋外传来声音

如果狗狗是听到屋子外的声音而吠叫，我们要及时严厉地喝止它："不许叫！"如果狗狗听到我们的训斥后，不再出声，我们就用零食奖励并表扬它。狗狗再次吠叫，我们就再次喝止它，也可以用手轻拍它的嘴巴，让它知道，这种行为我们不喜欢。它不出声后，用零食奖励并夸奖它，多训练几次后，狗狗就会逐渐改掉这个坏习惯。

屋内的声音

如果狗狗是因为听到电话等特定的声音而吠叫，我们可以通过训练的方法改掉它这个坏习惯。方法是：我们刻意把电话弄响，当狗狗听到电话响并吠叫的时候，我们对狗狗发出"不许叫"的指令，狗狗停止吠叫后，我们立刻用语言或者零食奖励它。它再次因为电话铃声吠叫的时候，我们再重复以上步骤，多训练几次，狗狗就会改掉听到电话铃声就吠叫的习惯。

狗狗遇到陌生人而乱叫

如果狗狗是因为见到陌生人感到恐惧不安而吠叫，甚至做出龇牙等示威的行为，我们就要训练狗狗与陌生人相处。

这种训练需要我们和狗狗不太熟悉的朋友配合进行。朋友来到我们家后，狗狗可能会通过龇牙咧嘴、吠叫、扑腾等方式表达自己的警惕和警告，我们要及时阻止它，并说"不行"，然后，我们通过抚摸的方式安抚狗狗的情绪，等狗狗平静后，我们可以一边抚摸狗狗，一边让朋友拿零食喂狗狗，让狗狗知道，我们的朋友并没有恶意。等狗狗习惯之后，就不会再对来家里做客的朋友乱吠叫了。

从狗狗小时候开始纠正

此外，在狗狗吠叫的时候，铲屎官也可以拿一个它最喜欢的玩具，分散狗狗的注意力，让它停止吠叫。

狗狗在小时候和铲屎官玩耍时会有一些扑咬的动作，要及时引导它改变这种行为。比如，在它即将做出扑咬动作时及时阻止，严厉地告诉狗狗"不许扑咬"，多次之后它就会明白主人的要求了。如果狗狗仍不改正，你可以用不和它玩耍等方式作为惩罚。

同样的，如果狗狗及时改掉扑咬的不良行为，铲屎官要及时表扬它，以强化狗狗的正确行为。

在带狗狗出门时更要注意制止扑咬的行为。一段时间后，狗狗就会知道自己不能在人类面前做出扑咬的动作了。

TIPS

有的铲屎官在刚开始养狗时过于宠溺狗狗，导致狗狗误认为自己是家里的主人，铲屎官是它们的"仆人"。狗狗有了这种想法后，会表现出护食、胡乱吠叫甚至扑咬陌生人等不良行为，作为铲屎官要及时纠正。

培养狗狗良好的进食习惯

狗狗养成良好的进食习惯，有利于它们的肠胃健康。铲屎官应该怎样训练狗狗养成良好的进食习惯呢？

🥫 定时喂食

铲屎官每天定时给狗狗喂食狗粮，久而久之，每到这个时间狗狗就知道该吃饭了，甚至会主动提醒主人喂食。

🥫 教狗狗不护食

狗狗天性中有护食的本能，有时甚至可能会因为护食而做出过激的行为，因此，在狗狗小时候就要训练它养成不护食的习惯。主要方式是在狗狗进食前，让它蹲坐一会儿，看着狗粮，直到铲屎官发出指令后才让它去吃。这样做的目的是让狗狗安静下来，明白铲屎官才是它的主人，能给它提供食物。

在喂食的时候，铲屎官可以先把狗粮放到手中，让安静蹲坐的狗狗过来食用。这时，狗狗大多会小心地舔舐你手

中的狗粮，而不会误伤你。狗狗吃完后，如果没有吃饱，就会抬头望着你，还会轻轻叫两声，并用身体蹭你的腿。你可以让狗狗安静地蹲坐一会，如果狗狗照做，铲屎官再把狗粮放在手中，允许它过来食用。几次之后，狗狗就会明白你们之间的主从关系，并遵照铲屎官的指令行动。

在喂食狗狗时，铲屎官还可以把食盆放到自己的脚下，让狗狗走过来食用，而不是将狗粮送到狗狗的面前。这个行为看似不起眼，但在狗狗眼里很重要。它们在主人脚旁吃东西时，会认为这是主人的影响力范围，是得到主人的允许才能吃到食物。

铲屎官在狗狗吃东西时轻轻抚摸它的背部并温柔地说话，这利于狗狗建立和你之间的信任感，并且逐渐习惯吃东西时有人在身旁，能减少它的护食行为。

🥫 训练狗狗不随便吃地上的东西

当狗狗想接受其他人喂的东西或随便吃地上的东西时要及时阻止，让它明白这种行为是错误的。时间久了，狗狗就不会随便吃地上的东西了。如果狗狗拒绝陌生人的喂食时，主人要及时表扬并拍拍它的脑袋爱抚它，让它明白它做得对，及时制止不好的行为、表扬鼓励正确的行为才有利于它养成良好的习惯。

TIPS

狗狗护食的主要原因一是本能，二是它对于跟主人之间的关系没有形成"主从意识"，把主人视为给自己提供食物的"仆人"。因此，铲屎官要改变它们这种不良行为，重点在于建立"主从意识"，树立主人的权威，让狗狗明白自己在家中的地位低于家里的每一个人。在训练方法上，以温和引导为主，通过食物奖励和赞赏、抚摸等正面奖赏，形成正确观念并让狗狗乐于服从。不宜用打骂等简单粗暴方式对其训练，以免其不安全感增加，变得更加敏感和抵触人类的接近。

这些东西狗狗不能吃

人们常说"馋猫、馋狗"，猫、狗等动物天性嘴馋，什么都想去咬一咬、尝一尝，但是有很多人类可以食用的东西，对于狗狗却是有害的；还有些根本不能食用，可能对狗狗造成危险的物品也常常由于狗狗的嘴馋及好奇心被狗狗误食，处在磨牙期的狗狗更是经常胡乱啃咬东西，所以主人要谨防狗狗因为误食而发生危险。哪些东西对于狗狗来说是比较危险的呢？

巧克力、葡萄、木糖醇以及洋葱、葱、姜、蒜

有经验的铲屎官都知道不能给狗狗吃巧克力，巧克力中含有可可碱和咖啡因，这两种物质会给狗狗的肾脏带来极大的损害。

葡萄中含有一种毒素对狗狗来说伤害性极大，狗狗吃了葡萄会出现腹痛、呕吐和腹泻，12小时之后，会出现肾脏毒性，这种毒性会长期积累，情况严重的话会导致狗狗肾脏衰竭。

木糖醇会导致狗狗体内大量分泌胰岛素，血糖迅速下降，狗狗会出现呕吐、步态不稳、抽搐等状况，所以家里含有木糖醇的食品一定要妥善放好，不要让狗狗误食。

洋葱、葱、姜、蒜等辛辣食物会刺激狗狗的肠胃，引起胃肠炎症，而且洋葱中的正丙基二硫化物会破坏狗狗的红细胞，让狗狗贫血，损害狗狗的骨髓，甚至导致狗狗死亡。

百合、芦荟等植物

有些狗狗看见家里的花花草草就要去搞破坏，但有些植物对狗狗来说是有毒的，不适合养狗的家庭。比较常见的有百合、铃兰、芦荟、万年青、水仙、君子兰、朱顶红、杜鹃花、菊花等，它们有的是花朵有毒，有的是根茎有毒，狗狗一旦误食，都可能会引起中毒呕吐。

食品袋、塑料袋

狗狗喜欢撕咬塑料袋玩，也对食品包装袋上食物残渣的味道很敏感，总是喜欢去咬一咬，但塑料制品如果被狗狗咬碎吞进肚子里，对狗狗的身体是非常危险的。因为塑料制品在肠道内无法消化，可能会被排出体外，也可能无法排出，从而堵塞肠道和气管，一旦有这种情况，要及时带狗狗去宠物医院处理。

家中的各种管线

狗狗在换牙期经常撕咬东西以缓解牙痒的感觉。电源插座、电线，甚至外露的燃气软管等都有可能被狗狗撕咬。为避免狗狗破坏这些物品，铲屎官可以将这些裸露的管线包裹起来，或者换个地方放置。

TIPS

狗狗的好奇心很强，喜欢对新鲜好玩的东西嗅来嗅去。如果家里有螺丝、钢笔帽、橡皮筋等零碎物件，狗狗可能一时好奇，玩耍时将其误食，导致肠胃受损，甚至出现肠梗阻的情况。

给狗狗剪趾甲

狗狗的趾甲长期不修剪，会出现裂纹、分叉等损伤，而且随着趾甲的生长，里面的血线也会越来越长，剪趾甲时会更容易剪到血线。定期给狗狗剪趾甲既能保护它们的脚趾，也能避免铲屎官被抓伤。一般来说，两到四周就要给狗狗修剪一次趾甲。

物品准备

需要事先准备好专用趾甲剪、趾甲锉刀、纸巾，以防万一，还可以再准备一些止血粉、碘伏、棉球等。狗狗的趾甲刀和我们使用的指甲钳不一样，狗狗的趾甲向下弯曲，也更坚硬，需要专用的趾甲剪修剪。

这样给狗狗剪趾甲

在给狗狗剪趾甲前，应让它在水盆里站立一会儿，或者在狗狗洗完澡趾甲较为柔软时修剪会比较容易。给狗狗剪趾甲前，铲屎官先观察一下狗狗的趾甲，如果趾甲是白色的，会很清晰地看到里面粉红色的血线，修剪时，只剪白色的位置，千万不要剪到血线，不然狗狗的趾甲会出血。万一铲屎官不小心剪到了血线，用止血粉、棉球给狗狗止血。如果狗狗的趾甲是深色的，看不到血线的位置，铲屎官就要小心了，只减掉趾甲的三分之一即可，然后用锉刀把趾甲的断面磨平。

如果狗狗比较抗拒剪趾甲这件事，最好两个人配合进行，一个人安抚狗狗，转移它的注意力并阻止它乱动，另一个人握住狗狗的爪子快速剪趾甲。剪完后，用锉刀将断面锉得光滑些，再用湿巾擦干净脚趾即可。

剪伤趾甲后的护理

如果你不慎剪伤了狗狗的趾甲根部，或剪破了狗狗的脚趾和肉垫，应及时消毒止血。先用碘伏涂抹伤口，再撒上止血粉，用干净的棉签紧紧地按压一会儿，用纱布简单包扎即可。如果伤口较大，用止血粉也无法止血时，要及时带狗狗去宠物医院诊治。

TIPS

狗狗的脚趾上有很多感觉神经末梢，能敏锐地感受到外界的刺激，不喜欢人"把玩"自己的脚和趾甲，更不喜欢看似有"威胁性"的陌生器具接近。因此，铲屎官在给狗狗修剪趾甲前，不妨把专用趾甲剪给狗狗嗅闻，或者放在它经常活动的地方。当它对趾甲剪产生熟悉感后，在使用时会自然而然地降低警惕性。另外，铲屎官平时也可以多和狗狗玩握手等游戏，让狗狗习惯爪子被人握在手中的感觉，也利于降低狗狗在剪趾甲时的抵触心理。

让狗狗乖乖地洗澡

大多数狗狗都喜欢玩水，但也有一些狗狗很惧怕水。那么，怎样让它们乖乖地洗澡呢？

洗澡前的准备工作

在浴室中准备好狗狗专用的洗澡盆。将狗狗专用梳子、沐浴露、毛巾、吹风机、趾甲剪等准备齐全。给狗狗洗澡时，水温在 35 摄氏度到 38 摄氏度之间，温度不可过高，以免烫伤它们的皮肤。

给狗狗梳理毛发

在给狗狗洗澡前，先用梳子把它全身的毛发仔细梳理一遍，清除掉毛发中的脏物，梳开打结的毛发团。如果打结处很紧密无法梳开，就用剪刀剪掉。同时，也要观察狗狗毛发下的皮肤是否有斑点、肿块或损伤等情况。

给狗狗挤肛门腺

铲屎官在狗狗狗洗澡前，要先给它们挤肛门腺。肛门腺位于狗狗肛门旁，会有油性、褐色的液体流出。它是狗狗的身份证之一，狗狗们见面的时候，互相追着屁股闻，就是要通过肛门腺散发的味道分辨彼此的身份。此外，肛门腺分泌的液体会随着便便一起排出，从而起到标记领地的作用。

狗狗的肛门腺在肛门 4 点和 8 点的位置，两侧可摸到凸起物；戴上手套，拿好纸

巾，大拇指和食指从外侧挤压；一直重复这个行为，直到没有分泌物流出；挤完记得给它擦一下屁股。

🦴 这样给狗狗洗澡

挤完肛门腺后，边安抚狗狗边让它站在浴室的洗澡盆中。先在狗狗的脖颈、背部、腹部、尾巴和四肢部位充分洒水。在浸湿被毛后，将专用沐浴露涂抹在狗狗全身，快速揉搓起泡，然后用水将沐浴露冲洗干净。最后再清洗狗狗的头部，方法和清洗躯干一样，但要注意不要将沐浴露和水滴入到狗狗的眼睛、耳朵和鼻孔内。给狗狗全身冲洗完后，用毛巾将它全身的被毛擦拭一遍，再用吹风机把被毛吹干。给狗狗吹被毛时，应顺着被毛生长的方向吹风，使之更加光滑，更易打理。最后检查一下狗狗的耳朵是否吹干，特别是容易生耳螨的狗狗。耳螨容易在潮湿阴暗的环境中滋生，铲屎官在给狗狗洗完澡后，要让它们的耳朵保持干燥。

TIPS

给狗狗洗澡的频率在半个月左右一次即可（夏季可间隔时间短些，冬季则可时间长些）。频繁洗澡容易使狗狗的皮肤过于干燥，皮肤的油脂受到损伤；长时间不给狗狗洗澡，狗狗身上的脏物较多，容易滋生细菌，不易清理，而且会有异味。

认真给狗狗刷牙

牙齿对狗狗来说非常重要，有些铲屎官会问：狗狗口腔有异味，牙齿发黄怎么办？最简单、最省钱的牙齿与口腔护理方法就是刷牙。

刷牙可以去除大部分的牙菌斑，从源头上"破坏"细菌的生存环境。如果你的狗狗是只幼犬，等它过了换牙期，就可以让它慢慢养成刷牙的好习惯了。在正常情况下，给狗狗刷牙的频率大约一周一次就可以了。

这样给狗狗刷牙

给狗狗刷牙的时间最好选择在每天遛狗之前或给零食之前。方法如下：

初期用手指（或在手指上缠绕干净纱布）轻轻按摩狗狗的牙龈，先按摩两圈，之后涂抹一点狗狗专用的无泡牙膏（不可使用人类牙膏，否则狗狗会将泡沫吞咽下去，引发胃肠疾病），继续按摩两圈即可，这样做是让狗狗逐渐习惯牙膏的味道与触感。

当狗狗不抗拒被外来物触摸牙齿牙龈后，即可尝试使用狗狗专用牙刷和牙膏。用牙刷给狗狗刷牙时，角度倾斜 45 度、从后往前刷、从上往下刷。注意，正确方法是一颗接着一颗地刷，动作慢、轻、柔，千万不要像人类刷牙一样用力刷，否则很容易破坏狗狗的牙龈。刷牙时间控制在半分钟以内，时间过久容易让狗狗产生厌恶情绪。刷完牙后可以给狗狗一些零食奖励，这样狗狗才会在刷牙时更加积极配合。

另外，还可以给狗狗食用洁牙棒这种零食，洁牙棒也具备一定的清洁效果，但不能替代刷牙；定期带狗狗去宠物医院进行超声波洗牙，可以获得彻底清洁口腔的最佳效果。

TIPS

日常的饮食习惯也会影响狗狗的牙齿健康。比如，湿狗粮更易残留在口腔、形成牙垢，不应多食；千万不要把狗粮变成狗狗随时都能吃到的自助餐，在每日的几个固定时间段内进行喂食可以减少食物与牙齿的接触时间，有利于保持口腔清洁。

做狗狗的理发师

把狗狗打扮得漂漂亮亮，不但自己看着赏心悦目，还能得到他人的赞赏和喜爱，狗狗也能从赞赏中增加快乐和自信。做好狗狗的美容可以为狗狗赢得更多友善的对待，所以不容小觑。

短毛狗在美容方面较为简单，主要是修剪大腿、尾巴和臀部周围的被毛，让狗狗显得干净整洁就可以了。

长毛狗就相对复杂一点，有很多方式可以把它们装扮得美丽动人。比如：根据狗狗的体型、毛发长短设计不同的发型。给狗狗修剪毛发体现出它个性的同时，还能掩盖狗狗的缺陷。

🐾 修剪面部毛发

主要是修剪狗狗眼睛和嘴巴周围的毛发，将遮挡视线的毛发剪短，相应地，嘴唇周围的毛发也剪短，这样既方便狗狗进食，也能避免下巴因沾染污物而出现类似毛囊炎这类疾病。做完以上工作后，再对狗狗脸上其他部位的毛发适当修理，将过长的杂毛修剪掉，让毛发长短层次分明且不影响行动。

🐾 修剪脖颈和胸膛处的毛发

将过长的毛发剪去，使狗狗身上的毛发长度保持一致。将难以解开的毛结剪去。还可以用皮筋或头绳将狗狗身上长长的毛发扎成简单的辫子，不仅好看，也易于毛发的梳理。

🦴 打理背部和腹部的被毛

给狗狗打理毛发，最主要的就是背部和腹部的毛发，让毛发通顺且更加顺滑光亮。修剪狗狗腹部的被毛时，应将长毛剪短。在夏季时将其剪短至短毛同等长度即可，以免经常接触地面而弄得脏兮兮的。在冬季时，将长毛剪短至原有长度的三分之一至一半即可，既能避免走路时接触地面弄脏被毛，也能起到御寒保暖的作用。

🦴 修剪装饰性被毛

狗狗四肢过长的装饰性被毛也需要适当修剪，让这些部位的毛发有一定的造型。另外，还要将狗狗脚趾之间的长毛适当剪短，以免其打结和藏污纳垢。

🦴 修剪排泄器官附近被毛

狗狗的排泄器官周围的被毛也需要经常打理，必要时可以剪掉一部分被毛，以免狗狗大便之后毛上沾有便便。修剪这个部位的被毛有利于保持狗狗身体的卫生。

TIPS

给狗狗梳理被毛时要遵循以下顺序：先梳理头部的被毛，再依次梳理脖颈、后背、腹部的被毛，要按照被毛的生长方向，从前向后梳理，尽量不要逆方向梳理，以免狗狗产生不适感而拒绝梳理。

了解狗狗每天所需的营养

在日常饮食中，狗狗每天除了必须摄入足够量的水之外，还要摄入身体必需的营养元素。

🟤 最重要的蛋白质

蛋白质是狗狗维持生理机能必不可少的一种营养物质，肉类、奶制品以及禽蛋中富含优质蛋白质。成年狗狗每天的蛋白质需求量是每千克体重 45 克左右，幼犬每天的需求量是每千克体重约 10 克。

🟤 存储能量的脂肪

狗狗每天都需要一定的脂肪作为身体能量来源。如果狗狗摄取脂肪较多，没有消耗完的脂肪能储存在身体中。成年狗狗每天对脂肪的需求量是每千克体重 2 ~ 3 克之间。幼犬的脂肪需求量是每千克体重 1 ~ 1.3 克之间。

🟤 维持身体所需的碳水化合物

碳水化合物能给狗狗提供维持身体所需的热量和能量。成年狗狗每天所需的碳水化合物为每千克体重 15 ~ 20 克。幼犬身体所需的碳水化合物数量为每千克体重约 8 ~ 10 克。

必不可少的维生素和矿物质

狗狗的正常生理机能离不开这两大类营养元素。不过，狗狗每天对于维生素的需求量非常小，从日常饮食中摄取即可。因此，不需要每天额外给狗狗补充。

狗狗身体所需的矿物质有钙、钾、镁、铁、锌、碘、钠等二十多种，它们分别在体内起到不同的作用。如果狗狗身体长期缺少一种或多种矿物质，会影响到身体健康。

元素名称	作用
钙和镁	维护狗狗的骨骼健康，钙是神经发育不可缺少的元素
钾	维持狗狗正常的新陈代谢，调节血压等
钠	维持狗狗体内电解质平衡，增加胃酸分泌，促进消化
锌	帮助狗狗皮肤和被毛的健康，预防皮炎
铁	组成红细胞的必需成分
碘	维持狗狗正常发育和繁殖能力所需的元素，同时参与新陈代谢

维生素虽然不是狗狗身体能量的提供者，但是它们能够帮助狗狗生长发育、抵御疾病。健康狗狗的身体机能需要多达十几种维生素，其中维生素 C 和维生素 K 能在狗狗体内合成，而其他维生素需要在日常食物中及时补充。如果狗狗缺乏维生素，就会出现相应的不良症状，情况严重时会发育迟缓或功能衰退。

TIPS

如何判断你的狗狗是否体内缺乏营养呢？一个简便易行的方法是观察它的被毛。如果狗狗被毛顺滑有光泽，说明它的饮食中营养较为充足、全面。如果它的被毛色泽发暗，总是乱糟糟的且易掉毛，则说明它摄入的营养不足，需要铲屎官帮狗狗调整饮食结构，或者带去宠物医院检查。

选择适合的狗粮和零食

> 狗粮是狗狗营养的来源，直接关系狗狗的健康，因此，为狗狗选择合适的狗粮显得尤为重要。

🍖 狗粮的种类

狗粮的分类有多种，按照水分含量可分为干性狗粮和湿性狗粮；按照狗狗的年龄阶段可分为离乳期狗粮、幼犬期狗粮、成犬期狗粮、妊娠期狗粮、哺乳期狗粮、老年期犬粮等；按照功能与用途可分为生长发育营养型狗粮、保健型狗粮和处方型狗粮等；按照营养物质含量可以分为肉类狗粮、蔬菜类狗粮以及各类营养添加型狗粮，如各种营养膏。

肉类狗粮中富含蛋白质、脂肪等狗狗身体必需的各种营养成分。这类狗粮大多是由猪肉、鸡肉、牛肉等动物肉类精加工制成。各个品牌的肉类狗粮配方各不相同，但是都能满足狗狗的日常身体所需，美中不足的是这类狗粮中的膳食纤维、维生素等成分较少。

蔬菜狗粮与肉类狗粮恰恰相反，是由各种蔬菜瓜果为原料制作而成的，富含各种维生素、膳食纤维、植物性蛋白质等，能够促进狗狗的肠道吸收。

营养添加型狗粮是宠物食品生产厂家针对狗狗的身体特殊需求而推出的营养产品，着重补充矿物元素、维生素、氨基酸等营养元素，有的还有驱虫、美毛等功效。这类狗粮能更好地满足狗狗对各种营养的特殊需求，帮助狗狗预防或辅助治疗一些疾病。

 动手给狗狗制作食物

除了为狗狗购买成品狗粮和零食之外，也可以在家里动手为它们制作新鲜的口粮。买新鲜的鸡胸肉、鸭胸肉、牛肉、猪肉等煮熟切成碎块，或者用绞肉机打碎，同煮好的蔬菜、玉米粉混合，搅拌均匀。

在给狗狗制作食物时，需要注意以下几点：

一、注意营养搭配，荤素均衡，以肉类为主，蔬菜、淀粉等都要搭配其中。

二、不要盐、味精、辣椒、姜、葱、蒜等调味品，这些调味品并不适合狗狗的肠胃，狗狗会拒绝食用或出现肠胃问题。

三、制作的狗粮数量够狗狗 2～3 天食用即可。吃不完的狗粮可以放在冰箱中冷冻储存，每次喂食前要加热，不能让狗狗吃过冷的食物。

TIPS

在既有狗粮又有自制狗粮的情况下，注意不要将自制狗粮和成品狗粮混合喂给狗狗，以免食物过杂，引起狗狗肠胃不适应。

狗狗叼起了水盆

水是生命的源泉，在这一点上，狗狗跟人一样，每天都需要摄入充足的水分，如果饮水量过少，狗狗体内缺水，就会导致身体机能紊乱，出现消化不良，无精打采，对疾病的抵抗能力下降等情况，严重缺水时还可能休克甚至有生命危险。

狗狗每天的饮水量

一般来说，健康的成年狗狗每天饮水量是每千克体重 100 毫升左右。幼犬的饮水量是每千克体重 150 毫升左右。因此，铲屎官应给狗狗准备大号的水盆，提供充足的水。

狗狗饮用水的选择

给狗狗准备洁净的淡水，最好是将自来水烧开放凉后给狗狗饮用。不宜给狗狗长期饮用纯净水，这是因为纯净水中缺少微量元素，狗狗长期饮用反而对身体无益。另外，也不宜给狗狗饮用我们常喝的各种饮料，因为饮料中的有些成分对狗狗的健康不利，长期饮用会生病。比如，咖啡、可乐中的咖啡因会导致狗狗中毒。牛奶中含有大量乳糖，而狗狗体内缺乏可以分解乳糖的乳糖酶，狗狗喝了之后，很容易拉肚子。

狗狗缺水时的表现

狗狗缺水时会表现得烦躁不安，围着主人打转，聪明的狗狗会咬着主人的裤脚，向水盆方向拖拽，又或者用爪子拍打水盆，并抬头观望主人，同时吠叫。因此，铲屎官需要经常关注狗狗的水盆中是否有充足的净水。

TIPS

生活中，人们还可以通过观察狗狗的排便情况了解它一天内喝的水是否充足。比如，狗狗小便时，尿液较少且是深黄颜色，就说明它喝水较少。如果狗狗的尿液较多且颜色较浅，那就是它喝了足够的水了。

铲屎官的必修课：带狗狗出门散步

狗狗非常喜欢去户外运动玩耍，它们每天都需要一定的活动量才能保持身心健康。因此，每天带狗狗出门散步玩耍是铲屎官的日常必修课。在和狗狗外出时，以下这些事情需要注意。

🦴 预防蚊虫叮咬

在户外活动时，狗狗喜欢四处撒欢奔跑或钻进草丛。在夏秋季节，户外的蚊虫较多，容易叮咬狗狗。铲屎官可以在出门前给狗狗身上喷洒一些宠物专用驱虫剂，或使用驱虫贴。另外，更要当心跳蚤、蜱虫等寄生虫钻进狗狗的毛发中。每次带狗狗玩耍回来后，要先检查狗狗的毛发。

🦴 给狗狗戴上嘴套

出门遛狗时建议给狗狗戴上嘴套。户外经常有放置在隐蔽处的灭鼠药、腐烂的动物和昆虫，或者有一些残留着农药的植物。嘴套一方面可以预防狗狗失控伤害到周围的人或动物，另一方面也能避免它在户外随意舔舐或乱吃东西。

🦴 识别对狗狗有害的植物

带狗狗在小区、公园或野外玩耍时，要注意识别是否有对狗狗有害的植物。比如：曼绿绒、夹竹桃、苏铁、郁金香、天竺葵等，当狗狗误食这些植物的叶子和花朵时，会出现呕吐、腹泻的情况，严重的话，可能导致肠胃炎、肝脏损伤，甚至出现生命危险。

清理狗狗排泄物

带狗狗在户外玩耍时，狗狗大便后要及时用备好的纸巾、塑料袋等物品将其清理掉，放入垃圾箱，以免污染环境，影响他人。

避免狗狗和其他宠物或人发生冲突

在户外玩耍时，有的铲屎官为了让狗狗能够愉快地玩耍会解开牵引绳，但是，在户外，没有束缚的狗狗很容易与其他宠物发生争斗，甚至扑咬他人。而且，如果狗狗跑到马路上去了，还很容易被车撞到。所以，出门在外一定要给狗狗系好牵引绳，戴上项圈、嘴套等，并将狗狗牵在身边，不要松开牵引绳。如果你发现自己的狗狗对其他宠物或陌生人有戒备或示威的表现时，要及时抓牢并收紧牵引绳，同时安抚狗狗，将它带到安静无人的地方缓和情绪，等它情绪稳定后再继续散步或提前回家。

狗狗走丢怎么办

狗狗在玩耍时，容易被其他东西吸引而跑远，所以带狗狗去户外散步时，要给它佩戴牵引绳，并且在相对安全开阔的地方让狗狗自由行动。

可是万一狗狗走丢了，该怎么办呢？

·从狗狗走丢的地方开始寻找，并大声叫它的名字。狗狗的嗅觉和听觉很敏锐，如果它没走太远，听到主人的呼唤声，会循声找来。

·如果狗狗在较为复杂的地方走丢，我们要及时联系家人朋友过来帮忙，并从家中带上几件自己和狗狗的常用物品，便于狗狗嗅闻到熟悉的气味。从狗狗走丢的地方分头寻找。寻找狗狗时要有耐心，要边呼唤边等待。

·如果第一时间没能找到狗狗，还可以将狗狗的日常照片发到朋友圈和微信群里，通过有偿求助的方式向大家请求帮助。

TIPS

如果狗狗太小的话，不太适合带它出去散步，最好在狗狗四五个月之后，再带它出去散步，同时要控制好散步的时间，刚开始时间可以短一些，逐步延长。

训练狗狗良好的大小便习惯

> 训练狗狗良好的大小便习惯，既有利于它的身体健康，也能让铲屎官减少很多不必要的烦恼。

了解狗狗大小便之前的信号

狗狗一般有以下几个排便时间点：饭后半小时至一小时、早上起床后、晚上睡觉前、运动后半小时、饮水后十几分钟。狗狗在排便前会发出相应的动作和声音信号，比如，狗狗会在地上快速嗅闻，并焦躁地走来走去。很多狗狗在大便前会着急地转圈、撅屁股，并发出急促的"哼哼"声，它们在转几圈后就会开始排便。当狗狗有上面这些行为时，铲屎官要引导狗狗正确排泄。

训练狗狗外出排泄

为了不让狗狗在家中大小便影响家中的环境卫生，增加清理、打扫的麻烦，可以训练狗狗外出排泄。

通常只要坚持每天定时外出遛狗，狗狗就会形成在户外排泄的习惯，一开始可以带点零食，当狗狗在户外排泄之后就用零食奖励一下。久而久之，狗狗就会只在户外排泄，不在室内排泄了。

但是要注意，狗狗在外排泄的大便一定要及时清理，不要置之不管。

训练狗狗在室内正确排泄

如果狗狗没能养成户外排泄的好习惯，那就要训练狗狗在室内正确排泄。狗狗在家中四处大小便是最令人头疼的事情，一旦养成这种不良习惯很难在短时间内纠正。因此，要在狗狗小时候进行相关训练。

一般狗狗在3个月的时候，就可以开始训练它定点排泄了。

我们要给狗狗准备一个专用厕所，比如一个大小合适的托盘，在上面铺上狗狗尿垫即可，然后把狗狗的厕所放置在一个相对安静、阴凉的地方，在厕所上喷洒诱导剂，或者是用废物沾一点狗狗的大便放在厕所上作为诱导剂，引导它来此排便。

当我们发现狗狗有排便的信号后，把它带到专用厕所处，等狗狗排便完成后，才让它离开。狗狗在正确的地方排便后，我们要及时给予言语或者是零食奖励。

如果狗狗在错误的地方排便了，不要训斥或者是打骂狗狗，而是应该尽快清理干净，避免留下狗狗便便的味道，以免它下次继续循着味道在这个错误的地方排便。

TIPS

我们在网上有时会看到，有的狗狗会用主人的马桶上厕所，其实这个也是可以训练的，训练方法也可以参考训练狗狗在家里正确地方上厕所。需要注意的是，因为家里的马桶有一定高度，狗狗太小的时候，可能学不会，或者不能准确地在马桶中大小便，等训练一段时间，就可以掌握该项技能了。

项圈、牵引绳、胸背带的使用

在给狗狗准备用品时，项圈、牵引绳、胸背带等用品也应该在你需要准备的物品清单中，这些用品看上去不起眼，但用途却不可小觑。这些用品有牵引和控制的功能，能够有效引导狗狗的行为，同时，还可以培养狗狗和铲屎官之间的服从关系。下面来了解一下每个用具的特点吧。

项圈

项圈通常是直接套在狗狗的脖子上，用于连接牵引绳，因为脖子是狗狗全身力量比较小的部位，当有外力牵引时，它们不容易挣扎，会选择乖乖地服从。狗狗第一天来到家里时，就要给它佩戴上项圈，让它适应被项圈束缚的感觉。在出门遛狗时，无论幼犬还是成年犬，都要给它戴上项圈。

市面上狗狗的项圈样式非常多，铲屎官该如何选择呢？

项圈材质：皮质、尼龙项圈都可以。

项圈长度：项圈套在狗狗脖子上，可伸进两至三根手指为宜。

具有特殊用途的项圈：止吠器，在项圈中装有轻微电击或散发气味的装置。当狗狗吠叫吵闹不听劝阻时，铲屎官可以控制开关，使项圈发出轻微电击或者散发出狗狗不喜欢的气味作为惩戒。

🦮 牵引绳

牵引绳是遛狗时最重要的用具，可以利用绳子的长短控制狗狗的活动范围，比如，绳子长度为五十厘米左右时能够将狗狗束缚在身边；当你把绳子放在八十厘米左右时，就能较为轻松地牵着狗狗一起散步；铲屎官将绳子的长度调到一米半至三米时，利于狗狗在空旷人少的地方更为自在地活动。

🦮 胸背带

胸背带是在狗狗项圈的基础上发展而来的一种有束缚性的背带。胸背带的好处是，在牵引狗狗时，胸背带能将牵引力均匀地分散到狗狗的胸和腹部，而不是单单由狗狗的脖颈部位来承受。胸背带一般适合小型犬或有呼吸系统疾病的狗狗，不适用于过于活泼或者性格暴躁的狗狗。

TIPS

狗狗的项圈、牵引绳和胸背带有皮质、尼龙、塑料、金属等多种材质，各有不同的特点。

皮质项圈	韧性很强，材质较为柔软，对狗狗皮肤和被毛的损害较轻
尼龙和塑料项圈	柔韧性很好，耐用性比皮质和金属差了一些，长期使用对狗狗脖颈的被毛有一定的损害。
金属材质项圈	最为坚固，主要用在大型犬和性格较烈的狗狗身上。

不同季节该如何照顾狗狗

狗狗在不同季节身体也会有不同的变化，因此，季节不同，照料狗狗的方法也有不同。

春天

春天，万物复苏，春暖花开，狗狗的身体也会发生一些变化。

换毛期。每年春天，狗狗要脱去厚实的冬毛，如果不及时帮它清理毛发，就可能会出现毛发满屋飞的"盛况"。所以，春天狗狗脱毛的时候，每天都要用梳子和刷子帮它清理被毛，也可以适当增加洗澡的频次，以免狗狗皮肤不洁，导致寄生虫感染和真菌感染。

发情期。春天也是狗狗发情的季节，发情期的狗狗会性情大变，暴躁不安。母狗可能会到处乱走，不听指令；公狗可能会为了争夺配偶而争斗、受伤，所以要更加注意。如果发现狗狗受伤，要及时处理，同时要安抚狗狗的情绪，帮它度过发情期。

解决发情的最好方法是给狗狗做绝育手术。如果不想养育小狗的话，可以尽早给狗狗做绝育手术。

狂犬疫苗。春天是狂犬病易发病的季节，因此要记得及时给狗狗接种狂犬疫苗。

夏天

夏天气温较高，狗狗又比较怕热，所以照顾狗狗需要注意以下两个方面：

083

防暑。夏天要尽量避免带狗狗在烈日下活动，把狗屋放在阴凉、通风的地方，增加给狗狗洗澡的次数，还要注意及时给狗狗补充水分。如果发现狗狗有中暑症状，要及时就医。狗狗所用的被褥等要保持干爽，勤更换。用水冲洗狗屋后，要彻底晾干后，再让狗狗住进去。

饮食卫生。夏天气温高，食物容易腐败变质，因此，夏天给狗狗的食物一定要适量，尽量避免剩余。已经变质的食物一定要扔掉，不能喂给狗狗吃，以免狗狗食物中毒或者患上肠胃炎。夏天气温高，狗狗食欲减退，可以给狗狗增加新鲜蔬菜的摄入量，减少肉类，还要供应充足的清水。

秋天

秋天，天气转凉，狗狗新陈代谢加快，食欲会大增，此时照顾狗狗，有以下四个需要注意的方面：

控制食量。秋天狗狗胃口大开，我们要控制它的食量，增加运动量，避免狗狗过于肥胖。

换毛季。秋天也是狗狗换毛的季节，要多给它梳毛，平时一天梳一次的可以增加到三次，帮助狗狗尽快完成换毛。同时，适当给狗狗补充一些富含维生素 E 的食物，促进新毛发的生长。

发情期。秋天也是狗狗容易发情的季节，照顾方法参考春天的方法。

狂犬疫苗。秋天也是狂犬病的高发期，要及时为狗狗接种狂犬疫苗。

冬天

冬天气温寒冷，狗狗很容易感冒。照顾冬天的狗狗关键是要注意保暖，狗屋里可以铺一些厚棉褥。

可以让狗狗多吃一些脂肪含量高的食物，给它提供充足的热量。多带狗狗晒太阳，既可以取暖，阳光中的紫外线还能消毒杀菌，促进钙的吸收，有利于骨骼生长发育。

TIPS

有些人一到冬天就喜欢给狗狗穿衣服，帮助它保暖，这样做真的对狗狗好吗？

狗狗要不要穿衣服，与它的被毛有很大关系。像八哥犬、泰迪之类的短毛狗狗，毛发很短，不耐冻，在冬天可以给它穿上衣服，帮它保暖。但是，像边牧、萨摩耶等长毛犬，或者原本就生活在寒冷地区的狗狗，本身毛发的保暖效果就比较好，就没有必要给它穿衣服。

刚出生不久的小狗或者老年狗狗，比较容易怕冷，也可以给它们穿上衣服。

Part

3

狗狗神奇的身体机能

狗狗惊人的神经系统

加拿大心理学家和育犬专家们曾做过一项有趣的研究：他们对世界上一百多种狗狗进行了深入研究，并对它们的智商进行分析和排名，发现排名第一的边境牧羊犬的智商和六七岁的小孩相当。即使排名在第三十三位的萨摩耶犬的智商也类似三四岁的孩子。这说明狗狗族群的智商在动物界中属于较高水平的。

究其原因，是狗狗的祖先为了能够在严酷的自然环境中生存，不但进化出了以肉食性为主的杂食习性，还拥有了较高的智商、运动能力、感觉能力，以及群体性活动等特点。而这些生存优势的形成都离不开发达的神经系统的支持。

狗狗的神经系统能有效调节身体各部位的功能，维持机体的正常活动。狗狗在受到外界或者身体内部的刺激时，受刺激的部位会将感觉信号通过神经系统传递到大脑。中枢神经系统对信号进行分析后，将新的指令通过神经传导到身体各处，以指挥肢体做出各种反应。

狗狗的神经系统由两大部分组成：中枢神经系统和外周神经系统。

中枢神经系统包括脑部、脊髓两部分。

脑部的大脑皮质有不同的分区，分别负责感觉、嗅觉、听觉、视觉、运动以及内脏活动等。其中，负责运动和嗅觉的区域面积比其他区域要大得多，表明狗狗处理这两方面的能力更高，其外在表现就是对气味更敏感，也更擅长捕猎等活动。脊髓位于狗狗的脊椎椎管内，其中的神经负责大脑和身体各个器官的连接。

狗狗的外周神经系统分为脑神经、脊髓神经、植物性神经三种。

脑神经是从脑干通过颅骨连接身体的 12 对神经系统。这些神经系统中，有的是感觉神经，有的是运动神经，还有两者兼而有之的混合神经。脊髓神经是由脊髓发出、遍及全身的成对混合神经，即每一对脊髓神经都有协调感觉和运动的功能，这也是狗

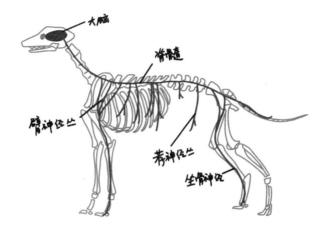

狗在复杂环境中能保持敏捷反应的生理基础。植物性神经又被称为内脏神经，它遍布狗狗的内脏、血管和皮肤等处，负责调节各个器官的正常生理活动。

TIPS

我们都知道猫咪既聪明又乖巧，它们的大脑神经元数量是25亿个左右，而狗狗的神经元数量在4亿至6亿之间。猫咪和狗狗神经元数量的巨大差异也导致了它们之间的智商差距。

狗狗出色的运动能力

　　狗狗是一种非常喜欢运动的动物，每天都需要维持一定的活动量才能使身体处在最佳状态，而且心情会更舒畅。有的狗狗特别擅长奔跑，最高时速可达 60 公里以上，还有一些军犬或者警犬善于跳跃障碍物，能轻松翻过两米高的障碍物。狗狗这些优秀的运动能力得益于特殊的身体结构、肌肉组成和心脏功能。

　　狗狗全身的骨骼有 228~230 块，分为头骨、躯干骨、四肢骨三大部分。这些相互连接的骨骼构成了它们身躯的支架，支撑着狗狗进行正常的生理活动，也保护它们娇嫩的内脏器官和神经系统不受外界伤害。

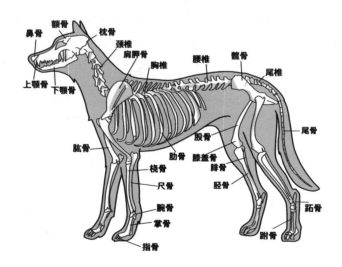

狗狗的骨骼之间由关节和韧带连接。每一处关节都有关节囊，其中有关节滑液对连接的关节面润滑，以保持良好的运动状态。韧带的作用是使骨骼之间更加紧密而灵活的连接。在骨骼表面还有薄薄的骨膜，其中的血管和神经对骨骼起到提供营养和保护的作用，并帮助受伤的骨骼恢复。

狗狗身上的肌肉分为平滑肌、心肌和横纹肌三种。平滑肌主要存在于消化器官中，心肌是心脏的主要组成成分，横纹肌主要存在于骨骼周围，它借助筋腱和骨骼紧密包裹在一起。肌肉组织在保护骨骼的同时，还能在神经的调节下做出各种肢体动作。

狗狗的祖先们在漫长的进化中形成了没有锁骨的胸部骨骼结构，这有利于它们奔跑得更快，跳跃得更高，但这种进化也让它们的前肢有些笨拙，无法像人类一样灵活。狗狗善于奔跑的一大利器就是它特殊的爪子。狗狗爪子下有厚厚的肉垫，肉垫表面粗糙，在排汗降温的同时还能提高和地面的摩擦力，能防止狗狗滑倒，并减少接触物对脚趾骨骼的伤害。

狗狗的行走方式和我们人类也大不相同。我们走路或奔跑时，是用整个脚掌接触地面，而狗狗只是用脚趾着地。狗狗后肢有较大的弯曲度，发力奔跑时，这种身体结构可以减轻地面对身体的冲击力。

TIPS

狗狗的脚趾不能像猫一样伸缩爪子，也不能像猴子一样抓握东西。但是它们也有独特的攀爬能力，比如借助奔跑和跳跃攀爬过障碍物，还有的狗狗能四肢抱着树干向上爬。

会游泳的狗狗

很多人认为狗狗是天生的游泳健将，能轻松地在水里游泳。其实，准确地说，是狗狗比人类更容易学会游泳。这是由狗狗的特殊生理构造所决定的。

狗狗的身体形态是四肢着地，头部高出躯干，这便于它们观察四周情况，也利于它们奔跑、跳跃等。狗狗在水中时，同样是头部高出水面，而躯体在水面下，四肢像日常走路一样划水，而尾巴起到"方向舵"的作用，随时调整游泳的方向。它们这种游泳方式也被我们称为"狗刨式"游泳。这种游泳姿态能使狗狗避免五官被水淹没，也增加了身体的浮力。因此，大多数品种的狗狗都能在接触到水后很快学会游泳。

有的狗狗在游泳方面天赋异禀，有的却后天努力也赶不上。从天生的游泳能力上来看，可以把狗狗分为三类：

第一类是有些品种的狗狗天生喜欢水，特别善于游泳，比如，金毛巡回猎犬、纽芬兰犬等。它们的游泳本领高超，对寒冷和潮湿的环境有较强的适应能力。有些地区还会将这些狗狗训练成水中救援犬，帮助搜救落水的人。

第二类狗狗能很快学会游泳，但是并不适合作为水中救援犬或长期从事和水面相关的工作或活动。对于它们来说，会游泳只是一项生存技能。这种狗狗的数量占据了狗狗种类中的大多数。

第三类狗狗主要是那些身材较小，四肢较短，而且鼻腔弯曲度较大的狗狗，它们因为特殊的鼻子结构，很容易呛水。这类狗狗有北京狮子狗、巴哥犬、斗牛犬等。

TIPS

　　铲屎官第一次带狗狗下水时，要给它适应的时间。最好是给狗狗穿上专用救生衣后，陪伴它在水边玩耍一段时间，消除它对水池的陌生感，并引导它体验浮在水中的感觉。狗狗能自如地在水中游泳后，可以和它玩一些水上游戏，如追逐空饮料瓶。需要注意的是，带狗狗游泳的时机应是它进食一至两小时后，这时狗狗的体力较为充沛，运动意愿也很强。玩耍十五分钟至三十分钟就休息一会儿，给狗狗喂些饮用水，以避免它口渴时喝泳池的水。

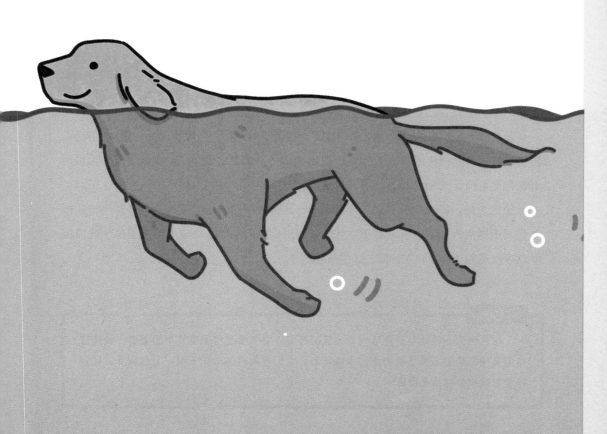

狗狗出众的嗅觉

狗狗是公认的"嗅觉高手"，在识别气味方面远远胜过其他动物。可以说，狗狗能在漫长的自然进化中生存下来，其出众的嗅觉能力功不可没。

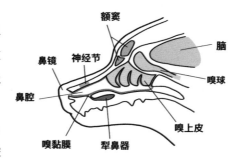

狗狗的嗅觉灵敏与其独特的身体构造有关。

首先是鼻子。狗狗的鼻子由外鼻、鼻腔以及鼻旁窦组成。狗狗的鼻腔内部没有鼻毛，内表面是层层叠叠的嗅黏膜褶皱，如果平铺展开的话，大约为130平方厘米。这种结构增加了嗅黏膜的面积，便于狗狗识别更多种类的气味。人类鼻腔中的嗅觉细胞总数大约在500万个左右，而狗狗的嗅觉细胞在1.2亿个以上。嗅觉细胞越多对气味的感受和分辨能力越强。

其次是大脑。在狗狗的大脑中，负责管理嗅觉的中枢神经较为发达，被称为嗅脑。狗狗嗅脑的嗅觉神经细胞数量是人类的40倍以上。如此多的嗅觉脑细胞方便狗狗识别和储存更多种类的气味特征。

除此之外，狗狗的鼻子经常是湿润的，这有助于它们捕捉空气中的各种气味。当狗狗闻到感兴趣的气味时，鼻子中就会分泌出特殊的液体，将空气中微弱的气味捕捉并与嗅觉细胞结合，便于分辨气味的具体信息。

TIPS

在狗狗的上颚处有一个名叫犁鼻器的器官。它主要是嗅闻空气中的激素，如通过嗅闻异性同类的激素了解对方的身体状态。它们嗅闻时微微张开嘴，上唇翻开，这种行为也被称为裂唇嗅反应。

狗狗敏锐的听觉

从古至今，很多人都将狗狗作为看家护院的护卫犬饲养。这就是利用了狗狗超常的听觉能力。狗狗不但能在寂静的环境中分辨出很远地方传来的细微声音，而且能在嘈杂的环境中分辨出正在靠近的人或动物的声音。

狗狗的耳朵分为耳郭、外耳道、中耳和内耳等部分，下面的简图是耳朵的工作原理示意图。

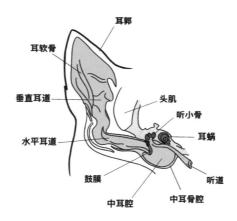

名称	作用
耳郭	声音信息收集器
外耳道	传输线
鼓膜	信息中转站
中耳	二级信息中转站
内耳	三级信息中转站
听觉神经	做出反应

无论狗狗的耳朵是大还是小，是直立还是折耳，都不影响它们发挥敏锐的听觉功能。研究发现，狗狗的听觉能力是人的十几倍。它们甚至能区分出在同一时间内相似的鼓点之间的细微区别。它们的耳朵所能接收到的声音范围远超我们人类。我们只能听到 20 赫兹至 2 万赫兹之间的声音，而狗狗能听到 20 赫兹至 100 万赫兹之间的声音变化。

狗狗在夜晚休息时也能警觉地发现附近一公里以内的各种声音，耳朵会转向声音来源，同时抬起头观察声音来源方向是否有人和动物出现。有趣的是，狗狗的两只耳朵能分别转向不同的方向，这更利于它们收集周围的声音并判断声音来源。如果身边有频率很高的声音，例如，收音机里电流发出的噪音、巨大的马达声或电锯声，都会使狗狗感到过于刺耳，甚至产生害怕想要逃开的想法。所以，在生活中我们尽量避免在狗狗身边制造出巨大的噪音，以保护它们的耳朵。

TIPS

狗狗的耳朵有很多神经细胞，能敏锐分辨外界的声音，对异物的碰触也更加敏感。当陌生人抚摸狗狗的耳朵时，它们会感觉很不舒服。同时，由于听觉器官被干扰，狗狗的不安全感也会加重，因此，它们很抵触人们触摸耳朵，严重时还会张嘴咬人以吓退对方。如果第一次和狗狗相遇，即使它表现出善意，也不要轻易抚摸它的耳朵哦，以免它随时"翻脸"咬人。

狗狗是红绿色盲

你知道狗狗是"红绿色盲"吗？我们的视网膜中有三种椎状细胞，使我们看到五彩缤纷的世界，而狗狗的视网膜只有两种锥状细胞，它们看到的颜色和人类中红绿色盲的人类似。简单地说，狗狗眼中的红色和绿色都是灰阶色彩。

既然狗狗的眼睛看不到彩色的世界，那他们是怎么做导盲犬的呢？狗狗经过训练后能准确分辨出红绿灯的亮度变化和位置变化，它们以此判断什么时候不能过马路，什么时候能带领主人过马路。有趣的是，狗狗对颜色的分辨能力较弱，但对物体的明暗度分辨能力很强。它们能在漆黑的夜晚轻松地看清周围的景物，狗狗的这一特点有利于在夜间捕猎和防备天敌偷袭。

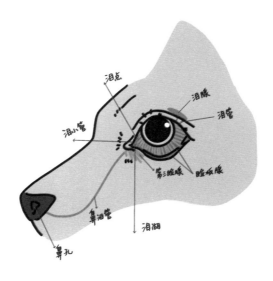

狗狗除了在颜色分辨上有天然弱势外，在对远近物体的视觉调节能力上也相对较差些。这是因为狗狗眼球的调节能力很低，而它们眼球中的水晶体厚度又是人类的两倍以上，这导致它们只能看清周围 50 米之内的静止物体，对超出这个范围的静止物体是看不清的。但是，狗狗在观察移动物体方面的视觉能力远超人类，例如，有只兔子在距它一公里远的地方奔跑，它也能敏锐地发现并飞快冲向猎物。

　　我们人类单眼的水平视野宽度在 90 度左右，而狗狗单只眼的视野宽度在 100 度至 125 度之间，其双眼视觉范围在 250 度左右，这也利于它们在野外观察和寻找猎物。

TIPS

　　不同品种的狗狗在视力上有一些差别，这与它们鼻子长短、眼睛位置等身体因素有关。鼻子较长的狗狗如德国牧羊犬、金毛寻回犬等，其眼眶在颅骨中较侧面的位置，所以能看到较宽阔的视野，看前方物体的距离较近。短鼻子类型的狗狗如北京犬、西施犬等，眼眶在颅骨中的位置比长鼻子犬类要居中一些，所以它们的视野范围要小一些，但是看前方物体的距离较远。

狗狗特别的味觉

狗狗在出生后不久，触觉、嗅觉以及听觉器官就会发挥作用，但味觉器官——味蕾——需要两三个月的时间才能逐渐发育完成。

狗狗的舌头两侧和后部、上颚和喉咙前端都有一些微小的乳头状突起。这些突起就是分辨食物味道的主要器官——味蕾。我们人类口腔中有一万个左右的味蕾，狗狗的味蕾有两千个左右。因此在分辨食物味道方面，狗狗要逊色很多。它们判断食物是否可口时更加依靠嗅觉，味觉只起到辅助作用。

狗狗能辨别出咸味、甜味、酸味和苦味，但对这些味道的敏感度不高，我们认为美味的食物，狗狗吃起来很可能味同嚼蜡。

狗狗对食物味道的辨别方式是先由唾液稀释食物，通过味蕾提取食物中的某些化学物质以确定味道。有趣的是，狗狗在吃不同的食物时能分泌不同黏稠度的唾液，比如，当它们吃肉时会分泌出黏稠度很高的唾液，在吃蔬菜或水果时分泌的唾液较为稀薄。

狗狗在饮食上有一个特点：喜欢吃湿食，而不喜欢水分少的食物。这是因为添加了水的食物有助于狗狗分辨味道。另外，狗狗也喜欢吃经过适当加温的食物。加温后，食物的气味和味道更容易被狗狗的嗅觉、味觉器官捕捉和分辨。

> **TIPS**
>
> 随着年龄的增加，狗狗的身体机能逐渐下降，细胞的更新换代能力降低。狗狗的味蕾细胞也会降低更新速度，并逐渐减少数量。这也是年老狗狗味觉迟钝的一个原因。如果狗狗患有一些代谢型疾病，也会影响味觉功能。

任何东西都能用来磨牙

　　狗狗和我们人类一样，一生中都有一次换牙的过程。换牙期的狗狗是个爱啃咬东西的主儿。在换牙期，狗狗的牙龈会出现又疼又痒的感觉，它们想用啃咬东西的方式缓解这种不适感。家中的很多物品，包括鞋子、桌腿、扫帚等都可能成为它们磨牙的对象。

　　为了让狗狗顺利度过这段时期，铲屎官可以给它使用磨牙棒。磨牙棒硬度适中，是用牛、猪的大骨头或其他食品原料制作而成，既方便狗狗啃咬磨牙，缓解不适感，又能起到一定的清洁牙齿和补充营养的作用。需要注意的是，狗狗使用了一段时间后，磨牙棒上就会沾染很多灰尘污垢，易滋生细菌。铲屎官应及时将其更换，以免影响狗狗的身体健康。

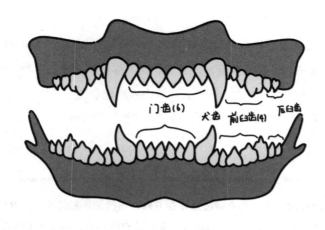

想要避免狗狗通过啃咬家具来磨牙，铲屎官可以对家中的一些物品如桌子腿、沙发等表面加以包装，以避免被狗狗破坏。铲屎官还可以喷洒一些狗狗不喜欢的气味，当然这些物质要对狗狗的身体没有危害，如花露水、风油精、空气清新剂等。

　　如果狗狗在换牙期之后还出现经常磨牙的情况，铲屎官就要多留意了。这种情况下，狗狗体内可能存在寄生虫，寄生虫释放的有毒物质会影响狗狗的神经，使它们下意识地磨牙。当狗狗肠胃不适，出现消化不良的情况时也会不断磨牙以缓解不适感。所以，铲屎官要关注狗狗的日常行为，发现有类似情况及时带它就医诊治。

> **TIPS**
>
> 　　在狗狗的换牙期，铲屎官要多关注它的牙齿情况，如有的新牙已经露出牙龈，而乳牙一直没有脱落，就会造成新牙生长畸形，这就需要帮助狗狗尽快拔掉乳牙。另外，还要在这段时期多给狗狗提供富含钙质的食物，以帮助其尽快长出坚固、漂亮的牙齿。

狗狗留下了一串脚印

在炎热的夏季，人类用出汗的方式排出体内的热量，保持体温稳定。那么，一身被毛的狗狗是如何散热消暑的呢？为什么它们身上没有出汗的痕迹呢？这是因为狗狗的生理构造和人类不同。

我们人类皮肤表面有很多汗腺，能通过排汗的方式及时排出热量。狗狗就不同了，它们身体中的汗腺分为毛上汗腺和外泌汗腺。毛上汗腺即顶泌汗腺，分布在皮肤上，被厚厚的被毛所覆盖，在狗狗的颈、背、臀等部位密度最大。这种汗腺并不分泌汗液，也不调控体温，主要是分泌信息激素和抗菌成分。我们所闻到的狗狗身上的味道，就是这些汗腺分泌的信息激素形成的。

狗狗的外泌汗腺负责分泌汗液，但是这些汗腺只存在狗狗爪子的脚垫中。夏季，狗狗一路走来，身后留着一串脚印，就是肉垫上的外泌汗腺分泌汗水所致。外泌汗腺是狗狗散发体内热量的一个重要途径。此外，狗狗还通过张嘴呼吸大量分泌唾液，来降温避暑。狗狗张开嘴后，舌头和口腔就成了全身最大的散热部位。狗狗在张嘴呼气时，口中会分泌大量的唾液，辅助口腔散发体内的热量。也就是说，狗狗的唾液分泌越多，降温效率越高。

狗狗无法像人类一样通过全身的汗腺排汗降温，因此酷暑天气是它们最难熬的时节，我们要及时帮狗狗降温避暑。在夏季可以让狗狗白天待在室内或阴凉通风的院子中，并给狗狗准备大量的清洁饮用水、冰垫，还可以根据狗狗的习惯和喜好，适当为它修剪脚垫部位的毛发。另外，要注意气温高的时候不要带狗狗去户外活动。

TIPS

　　狗狗唾液中的成分大部分是水，还有少量的各种酶，其中就有溶菌酶。溶菌酶能灭杀大肠杆菌等一些容易导致狗狗生病的霉菌。因此，一些在我们看来不卫生的食物，狗狗吃了却没有生病，就有唾液帮助净化消毒的功劳。

尾巴对狗的重要性

常听人说"不要乱摸狗狗的尾巴"，这句简单的提醒不是没有道理的，尾巴对狗狗来说，并不仅仅是装饰作用，它对狗狗非常重要。

尾巴的平衡作用

狗狗在户外奔跑跳跃时，尾巴起到了保持身体平衡的重要作用。如果失去了尾巴，它们就无法灵活自如地快跑，在奔跑中转换方向就会变得不那么顺利。狗狗在游泳时，尾巴能帮助身体控制方向，同时，尾巴还是增加狗狗浮力的一个工具呢。狗狗在排泄时也需要尾巴根部的肌肉配合才能顺利完成整个排泄过程。如果这个部位的肌肉或骨骼受到损伤，狗狗就会出现排泄障碍，如大小便失禁或排便困难等。

狗狗用尾巴社交

除了生理性作用外，狗狗的尾巴还是它们重要的社交工具。它们能用尾巴的不同摇动方式、卷曲程度，配合其他肢体语言表达丰富的交往意愿。当你的狗狗比较自信且想与其他狗狗玩耍时，就会竖起尾巴暴露出肛门腺，并不时地摇动几下以便更快地散发信息素。其他狗狗也会有同样的表现。如果狗狗失去了尾巴，它就无法准确地向同类表达自己的社交想法，甚至会引起其他狗狗的误解而产生冲突。

有动物学者曾经做过一项实验，他们将一些成年狗狗关在一个大院子里。这些狗狗中有一些自小就被做了断尾手术，其余的狗狗都保留有尾巴。他们发现，失去了尾巴的狗狗在和陌生同类相处时，更容易因被误解而受到攻击。

用尾巴传递情绪

狗狗表达情绪时以尾巴为主，辅以肢体动作。比如，当它们看到主人时会高兴地摇着尾巴扑到主人怀里；当它们遇到比自己更为强壮的狗狗时会夹紧尾巴，并俯下头以表示臣服，等等。如果狗狗失去了尾巴，就无法完整地表达这些情绪，也常常收不到对方相应的回馈，这就会对它造成很大的困扰。

屁股的"保护伞"

狗狗的漂亮尾巴还是肛门、生殖器官等部位的保护伞！如果有天敌从身后袭击狗狗的肛门等要害时，尾巴能起到一定的保护作用。对狗狗来说，危急时刻即使尾巴受伤也远比肛门、腹部等要害处受伤要划算得多。

TIPS

狗狗的尾巴有如此多的功能，但和身体其他部位相比又很脆弱。狗狗的尾巴是由一节节的尾骨延长形成，能承受的力道较小，容易在打斗或人们无心的拖拽下脱节或扭伤。尾巴受伤后痊愈的时间会比较长，狗狗也会承受较大的痛苦。所以，它们都特别重视保护自己的尾巴。

狗狗会陪伴我们多久

自从养狗之后，很多铲屎官都希望狗狗能多陪伴我们一些岁月。据专家研究发现，狗狗们的寿命和品种、性别、生活条件等息息相关。

品种因素。

无论在什么地区，当地的杂交犬比名贵纯种犬寿命要长一些。这是因为经过多代杂交后的狗狗，其体内携带了更多祖辈的优良基因，有较强的免疫力，对当地的生活环境适应性也更强，其寿命自然就更长了。

性别因素。

和雌性狗狗相比，雄性狗狗大多更加活泼，也更喜欢运动，身体素质更强。另外，雄性狗狗没有生育带来的一系列健康风险。因此，综合来看，雄性狗狗的寿命就更长一些。

体型因素。

据统计，大型狗狗的寿命在 7~12 岁之间，小型狗狗的寿命在 12~15 岁之间。有些中型狗狗的寿命也较长。

生活条件因素。

生活条件较好的健康狗狗寿命高于流浪狗。家养的狗狗能长期得到充足的营养供应，体重达标，并且处在较卫生的生活环境中，这使得它们的抗病能力更强，其身体素质比长期在野外生活的流浪狗强很多，寿命也就更长。

是否绝育。

随着狗狗年龄的增加，它们患上生殖系统疾病的几率也在增大，这会严重影响狗狗的寿命。比如，雄性狗狗可能会患上睾丸疾病，雌性狗狗可能会患上子宫疾病等。给狗狗做绝育手术，可以适当避免这些疾病。

TIPS

　　大多数狗狗在 1 岁时相当于我们人类的 16 岁。此后，狗狗每增加 1 岁就相当于我们人类增加 6 岁。下面是狗狗和人类的年龄对照表。

狗狗年龄	人类年龄
1 岁	16 岁
2 岁	22 岁
3 岁	28 岁
4 岁	34 岁
5 岁	40 岁
6 岁	46 岁
7 岁	52 岁
8 岁	58 岁
……	……

Part

4

狗狗动作里露出的小心思

从尾巴流露出的心情

尾巴是狗狗表露心情的一个重要工具，狗狗不同的摇尾巴方式，代表着不同的心情和含义。

了解下面这些常见的狗狗尾巴小动作，可以帮助我们及时掌握狗狗的心理活动。

尾巴向上，慢慢摇摆

如果狗狗尾巴直直地向上，并且慢慢摇摆，代表它此时自信心爆棚，潜台词是"我很厉害，我天下第一"。当狗狗处于这种心态时，自我意识比较强，不要轻易抚摸狗狗的头或者肚子，否则会让狗狗以为我们想挑衅它，而做出攻击行为。

虽然，这时的狗狗觉得自己"天下第一"，但它的目的并不是伤人，而只是传递"我很厉害"的信息，所以，即便产生攻击行为，一般也不会用很大的劲，不会造成太严重的伤害。

尾巴向上，小幅度快速摇摆

这表明狗狗正处于戒备状态。很多狗狗见到陌生人时，会呈现这种状态，它的心理活动是"谁闯入我的地盘了"？

如果此时铲屎官会错意，伸手摸狗狗是很危险的，因为狗狗正处于戒备状态，可能会发动攻击，伤害靠近或者触摸它的人。

尾巴向下摆

当狗狗腰部以下微微下沉，尾巴下垂，尾巴根部发力，像画圆圈一样摆尾巴时，表明狗狗很开心，仿佛在向面前的人或动物说："见到你好开心啊。"

宠物专家研究发现，狗狗心情好的时候，尾巴会向右大幅度摇摆，据说，这是因为狗狗跟人类一样，左脑掌控情绪，且左脑的运动皮层控制着右侧身体的动作，所以狗狗开心时，表露心情的尾巴向身体右侧甩的幅度更大一些。

###

尾巴夹在后腿中间

如果我们看到狗狗把尾巴夹在两条后腿中间，并伴随着弓腰缩背的动作，说明它此时内心非常恐惧不安。

狗狗这个动作要传达的讯息是"你不要攻击我，我不想跟你打架"。

如果我们这时候想接近狗狗，就要先降低它的恐惧感，比如，蹲下来，跟狗狗平视，或者侧身背对着它，让它放松下来。最好不要用说话的方式安慰狗狗，因为说话可能会加重它的恐惧心理。如果这时逗弄狗狗，可能会激怒它，导致它抱着孤注一掷的想法进行反击。

尾巴自然下垂，偶尔摆动

带狗狗外出散步时，如果周围的环境让狗狗很安心，它的尾巴就会自然下垂，并偶尔摆动几下，这表明狗狗的心情十分轻松、闲适。

尾巴保持水平，迅速摇动

如果狗狗的尾巴保持水平，剧烈摆动的同时，臀部也跟着晃动，通常是因为它看到了自己的好朋友，在向对方表达友好和问候。这时，不要急着将它拉开，应该让它和朋友尽情玩耍。

尾巴僵硬地平直

如果狗狗的尾巴保持僵硬的平直状态，且没有摇摆动作，则表示狗狗有不安的情绪。两只狗狗初次见面时，经常会出现这种动作，那是它们在谨慎地观察彼此，暗自比较双方的实力。通常，这种紧张的对峙情况会以其中一只狗狗主动退出而结束。

TIPS

狗狗是有感情有表情的动物，狗狗除了吠叫之外，它的眼、耳、口、尾巴的动作以及身体动作，都可以表达不同的情感和意义。铲屎官要耐心去熟悉狗狗每个动作想表达的意思，只要你明白狗狗想要表达什么，狗狗就会对你充满信任，觉得很有安全感。

竖起的耳朵，耷拉的耳朵

狗狗之所以能够成为人类狩猎的好帮手，除了因为它们嗅觉异常灵敏外，还因为它们的听觉比人类敏锐得多，可以更好地发现和追踪猎物。

另外，通过狗狗耳朵的状态，我们也可以推测出狗狗的心理活动。

竖耳朵

如果狗狗的面部表情比较平静，却突然竖起耳朵，可能是因为它听到了什么声音而提高警惕，竖起耳朵仔细倾听周围的动静。

嘴巴微微张开，伸出舌头，竖起耳朵——如果发现狗狗呈现这种状态，说明它正对眼前的东西表现出很大的兴趣。

如果狗狗竖起耳朵同时，伴随着耳朵前倾、龇牙咧嘴、皱鼻子的动作，则表明它在示威，吓唬对手，或者彰显自己的地位。如果狗狗在室内或者自家院子里做出这种动作，可能是它发现了"侵入者"，我们把突然出现的东西或者动物赶走，狗狗就会平静下来。

耷拉耳朵

如果狗狗耷拉着耳朵，表情平静，没有露出牙齿，也不皱鼻子，那表示它在向主人示好，仿佛在说："我听你的话，我们好好相处吧。"这意味着狗狗很尊敬你。

如果狗狗耷拉着耳朵，尾巴左右摇摆，嘴角上扬，嘴巴微张，则表示它在征求主人的意见，或者邀请主人玩耍："主人，你能陪我玩会儿吗？"如果这时铲屎官能陪它玩一会儿，会很容易加强跟狗狗之间的感情。

如果狗狗耷拉着的耳朵，突然向左右两边探出，表明它发现了异样，身体进入戒备状态。带狗狗乘车时，经常会出现这种情况，狗狗在用这种动作告诉你："我害怕，我不想上车。"如果此时还伴有露出牙齿、皱鼻子的情况，表明狗狗已经非常恐惧了，我们不要强制其上车，以免狗狗因为极度恐惧而对周围的人发起攻击。

如果狗狗的耳朵上下左右全方位摆动，表示它正在思考对策，仿佛在说："怎么办？怎么办？我该怎么办？"这种情况过一会儿就会停止，因为狗狗已经想出办法啦。

> ## TIPS
>
> 　　狗狗的听觉非常优秀，它们不仅听到的频率范围比人类广，还能迅速判断声源的位置，立耳的狗狗可以在瞬间判断出32个方向的声音。这种强大的听觉能力，一方面得益于狗狗耳朵内部的生理构造，另一方面是因为它们的耳朵能够全方位自由摆动，有利于接收到来自更多方位的声音。

狗狗四肢的小动作

通过狗狗四肢的小动作，铲屎官也能判断它们的心情。

🐾 抬起前脚上下摆动

这是狗狗内心不安的一种表现。就像人类不安时会下意识地抱臂、挠头一样，狗狗想通过这个动作避免自己和其他动物或者人类发生冲突。

当狗绳被陌生人牵住时，狗狗通常会做这个动作。有人以为狗狗是要跟自己"握手"，其实它是想说："我不认识你，但是我并不想攻击你，咱们和平相处吧。"这时，我们可以蹲下来，抚摸狗狗的头，告诉它"我也想和你好好相处"。

🐾 抬起前脚，同时伴有慢慢点头、作揖、左右来回跳的动作

这是狗狗在发出玩耍的邀请。如果狗狗点头的频率过高，可能是它对面前的人、动物或者物件心存戒备。如果这时贸然靠近，狗狗可能会因为害怕而攻击靠近者。

抬起两只前脚一动不动

出现这种动作表明狗狗此时的精神高度紧张，可能是它发现了猎物或者敌人，需要专注地观察眼前的情况。

用前脚挠头

这是狗狗在向我们表达不满："主人，你忽视我很长时间了，关注一下我吧。"

当你专注于和他人聊天时，狗狗会感觉自己被忽视了，而通过这个动作来表达自己此时不满的情绪。

用后脚挠脸

狗狗的这个动作是在表达"我很高兴，很满足"。当狗狗吃到美食，或者主人陪它们玩耍时，狗狗会高兴得用后脚挠挠脸，表示自己很开心。

TIPS

如果狗狗频繁地用脚挠脸，就需要我们格外注意了，这可能是因为狗狗感觉身体不适，比如，身上长了螨虫、耳屎太多、耳朵有炎症、眼睛发炎等，要及时帮助狗狗处理，或带它们去宠物医院检查、治疗。

狗狗露出了肚皮，也许是它设计的陷阱

肚子是狗狗身体上很脆弱的部位，一般情况下，狗狗不会轻易对我们露出肚子。如果发现狗狗仰躺在地上，肚皮朝上，并不一定是狗狗在对我们示弱。此时，仔细观察狗狗的其他表情和动作，可以帮助我们发现狗狗的真实意图。

露出腹部，并露出开心的表情

如果狗狗仰躺着，在我们面前露出肚子，还一脸开心的表情，说明它非常信任我们，在向我们传达彻底服从的意思。

露出腹部，把脸转向一边，尾巴卷向腹部

这个动作表明狗狗心里很紧张，可能是遇到了比它强大的同类。转过脸是为了避免与对手有正面的眼神交流、激化矛盾；卷尾巴则类似于举白旗，主动投降，通过这种示弱的方式让对方不要攻击自己。

露出腹部，也可能是狗狗设计的一个"陷阱"

狗狗有时很狡猾，它会故意展露腹部，让人以为这是信任和服从的信号，实际上却是狗狗设计的一个"陷阱"，是为了让我们放松警惕，引诱我们上当，此时一定要小心，不要贸然接近狗狗！

TIPS

有些狗狗在仰躺时会漏尿，有人解读说这是"狗狗被吓尿了"，其实不然。这是狗狗幼年时被妈妈舔舐腹股沟促进排尿场景的再现。它想用这个动作告诉我们："主人，你看，我把你当妈妈了，你不要伤害我啊！"

狗狗身体轻轻颤抖，它在说"我不想"

有时，狗狗见到某个人、某个东西，或者路过某个地方时，身体会轻微地颤抖。这可能是因为这些相关事物曾给它留下过不好的记忆。比如，眼前这个人可能曾经训斥过它。

如果狗狗见到我们做出某一动作时身体颤抖，可能是因为我们曾经同样的行为给狗狗造成了心理阴影。比如，狗狗鼻子湿漉漉的是正常现象，如果我们不知道这个常识，坚持用纸巾给狗狗擦鼻子，会导致狗狗一见到我们拿纸巾就以为是要给它擦鼻子，从而身体颤抖。

狗狗身体颤抖是在跟我们说"我有点害怕""我有点紧张"。

碰到狗狗身体轻微打战的情况，我们要及时通过语言以及抚摸等方式安慰狗狗，缓解它的紧张情绪。当狗狗克服紧张或者害怕情绪，完成了不想做的事情时，我们要及时表扬，同时借助抚摸等方法，表示赞扬和鼓励，让狗狗得到心理上的满足感，以后它们就会做得更好。

TIPS

除了表达情绪和心情外，狗狗寒冷或者生病时身体也会发抖。因此，碰到狗狗身体发抖的情况，我们要仔细判断其背后的原因，以便"对症下药"，采取正确的解决方法。

狗狗为什么喜欢舔你的脸？

当我们出差几天归来，留守在家的狗狗往往会特别热情地"扑上来"，送我们一个"带口水的湿吻"。

这是狗狗在告诉我们："铲屎官，你终于回来了，我想死你了。"

面对如此热情的狗狗，如果我们一把推开，似乎略显"薄情"，但是湿乎乎的口水吻，确实让人不太舒服，那我们应该怎么做呢？

我们可以先给狗狗下达一个指令，比如，"坐下"或者"停"，等狗狗稍微平静之后，我们再抚摸狗狗的头部或者脊背，告诉它："是的，我也很想你，见到你我也很高兴。"这样，我们既没有伤害狗狗的感情，也给狗狗立下了规矩，形成习惯后，狗狗再表达久别重逢的喜悦时，就不会再用令人难以接受的"湿吻"了。

TIPS

据说，狗狗喜欢舔人脸的习惯遗传自它们的祖先——狼。当小狼舔舐母狼嘴唇周围时，母狼会把肚子中的食物吐出来喂给小狼。这是一种索要食物的信号。

狗狗突然"炸毛"了

有时，狗狗会突然"炸毛"，背上和脖子上的毛全都竖起来，这表明狗狗即将发动攻击，此时正处于三级战备状态。"炸毛"会让狗狗的体型看起来更大，有助于震慑对手。

随着兴奋度进一步提升，狗狗尾巴上的毛也会竖起来，这表明狗狗进入了二级战备状态。如果带狗狗在户外散步时发生这种情况，要尽快带狗狗回家或到僻静的地方，以免和其他狗狗发生冲突。

如果状况继续升级，狗狗炸毛的尾巴就会竖起来，同时伴随着四肢蹬地，龇牙咧嘴，这表明狗狗已经进入一级战备状态，随时可能发动攻击。

狗狗炸毛时，如果夹着尾巴，弓着背，那其实是它们在虚张声势，过一阵儿它自己就会走开。

TIPS

"炸毛"是很多动物都会有的一种应激反应。

狗狗炸毛是因为狗毛的根部连接着皮肤里的毛囊,毛囊周围有竖毛肌,当狗狗受到惊吓时,竖毛肌会生理性地收缩,狗毛就会竖起来。

Part

5

狗狗的行为令人头疼？
那是你还不懂它

狗狗的社交小动作

狗狗散步时遇到其他狗狗，往往会低下头、前爪向前探出、撅起屁股并大幅度地摇尾巴，这是狗狗在向对方打招呼，并邀请对方一起玩耍。

这时不要急着带狗狗离开，安静地守护在旁边就可以，满足狗狗和朋友玩耍的需求，也可以使它心情愉悦，减少心理压力。

如果家里有多只狗狗，它们在追逐打闹时做出这种行为，就说明狗狗是在玩闹，并不是真的在打架。

狗狗之间的打闹是它们确认地位以及学习与同类相处的重要途径，只要它们没有表现得特别兴奋、激动，我们不用过多地介入。

如果狗狗第一次见到某人就向他做出了这个动作，说明它在示好，这时，被示好的人可以抚摸狗狗的头，向它传达自己的友好和喜爱。

TIPS

狗狗之间的社交过程，并非总是和平的，它们也会为了确认地位或者抢夺地盘而发生争斗。不过，这种争斗一般不会给对方造成致命的伤害，因为它们的目的只是让对方知道自己更强大，从而使对方服从。

两只狗在绕圈靠近

　　有时我们会看到这种现象：两只狗狗初次见面时，会绕着圈互相追逐，并慢慢靠近对方。其实，这是狗狗在表达："我有点紧张，但我对你没有敌意，不想攻击你，让我们交个朋友吧。"

　　为什么狗狗这样的行为是一种善意友好的交流呢？狗狗之间又是怎么领会对方行为含义的呢？简单来说，是因为狗狗在做这种行为的时候已经向对方展示了自己的弱点。脖子和肚子是狗狗最害怕被攻击的部位，因为脖子上有颈动脉，一旦被其他狗狗咬到，可能会大量失血，有生命危险；如果肚子被咬伤，可能导致狗狗患上一种严重的疾病——腹膜炎，也可能导致生命危险。

　　如果两只狗狗径直走向对方，它们暴露在彼此攻击范围内的是脸、头、胸和前肢，即使双方发生争斗，也不会导致非常严重的伤害。当两只狗狗一边绕圈，一边接近彼此时，它们的脖子和肚子都暴露在对方易于攻击的范围内。所以，狗狗用这样的方式来表达诚意，仿佛在告诉对方："你看，我完全把自己的弱点暴露在你面前了，我没打算攻击你，你也不要攻击我，咱们做朋友吧。"

TIPS

　　如果一只狗狗初见我们时，用这样的方式接近我们，表明它也是在表达善意。如果你喜欢这只狗狗，可以俯下身子或者蹲下来，向它表达自己的善意和喜爱，它会开心地跑过来；如果你不想接近它，站在那里不动就可以，狗狗不会主动攻击你的。

狗狗龇牙咧嘴，可能只是在吓唬你

有的狗狗会对着陌生人龇牙咧嘴，看上去十分恐怖。其实，这很可能是狗狗不自信的表现，它想用这种虚张声势的方式吓唬对方，仿佛在发出警告："我很厉害的，你不要惹我，否则后果自负。"

其实，大部分狗狗在正常情况下都不会咬人，大多数咬人的狗狗反而是很胆小的。在自然界中，动物很少会攻击比自己体型大的动物，狗狗也是如此。对于大部分狗狗来说，除了孩童，大部分人类的体型都比它大，所以狗狗轻易不会攻击人。

为什么有的狗狗很容易出现攻击行为呢？这跟狗狗小时候受的训练有关。狗狗小时候见到什么东西都要咬一咬，看看能不能吃，有时也会好奇地轻轻咬铲屎官的手。如果铲屎官能及时制止狗狗的咬人行为，给它立下规矩，告诉它不能咬人，狗狗长大后就不会轻易攻击人；否则就会形成爱咬人的坏毛病。

TIPS

狗狗小时候咬人，更多是出于好奇，会尝试性地轻轻地咬。成年狗狗的牙齿非常有力，一旦咬人，即使是轻轻咬，后果也可能非常严重。所以，我们一定要注意在狗狗小时候，帮助它们改掉咬人的坏习惯。

追着自己的尾巴绕圈圈，狗狗在解压

　　狗狗有时会追着自己的尾巴转圈圈，有人认为这是狗狗在自娱自乐，不用理会，其实这种想法是错误的。

　　狗狗追着自己的尾巴转圈圈可能是以下原因：

　　一是狗狗身上可能生了寄生虫，导致它们的尾巴、屁股周围瘙痒，狗狗追着尾巴转圈圈是想确认尾巴和肛门周围的情况。发现狗狗有追着尾巴转圈的行为后，我们要先查看狗狗身上是否有寄生虫。如果发现寄生虫，及时带狗狗去宠物医院做驱虫治疗。

　　二是狗狗压力太大了。它通过这种行为表达自己的情绪："我心情很烦躁，心理压力很大，主人带我出去缓解一下吧。"狗狗压力的来源有很多，比如，太长时间没有出去散步、被强迫洗澡，或者被寄养在不喜欢的宠物店等。如果狗狗的这种行为是由心

理压力导致的，我们就要分析压力的来源，帮狗狗缓解压力，比如，带它出去散散步。如果实在没时间带狗狗出去散步，可以多抚摸它的身体，或者在室内用短绳跟它玩拉扯游戏，适当的运动也可以帮狗狗解压。

三是狗狗的肛门腺需要挤了。这时按照前文提到的方式，帮狗狗挤肛门腺就可以。

有些狗狗的尾巴比较长，它在追逐尾巴的过程中，可能会咬伤自己，所以一旦发现狗狗有追逐自己尾巴的行为，我们要及时介入，发现原因，并做相应处理。

TIPS

如果狗狗因为生了寄生虫而追逐自己的尾巴，这时的寄生虫很大程度上是绦虫。绦虫会从肛门中露出来一部分，所以狗狗会试图查看肛门处的状况。绦虫对成年狗狗的影响不大，但是，如果数量太多，可能会导致狗狗贫血、拉肚子、食欲不振，所以要及时就医。

狗狗又在"拆家"了

　　狗狗"拆家"是让铲屎官头疼不已的事。品种不同的狗狗，拆家能力也不同。其中，哈士奇、萨摩耶、边牧、阿拉斯加、金毛、泰迪、拉布拉多、柯基、博美、比熊犬被认为是最擅长"拆家"的十种狗狗。

　　有铲屎官吐槽说："我刚外出一小时，独自在家的哈士奇把一箱矿泉水从楼上叼到了楼下，并且把矿泉水一瓶瓶地咬坏。"遇到类似的情况，铲屎官常被气到血压飙升，除了调整自己的情绪，铲屎官不妨了解一下狗狗为什么会做出这种行为。

　　狗狗"拆家"的原因是多样的，应对策略也有不同。

如果狗狗处于长牙期，牙龈发痒，所以乱抓乱咬，这时可以给它买一些适合咬或者磨牙的小玩具、小零食，比如，磨牙棒、狗咬胶等。

如果狗狗是体力过剩，通过"拆家"来发泄，我们需要陪狗狗多运动，消耗它的精力。

也有的狗狗是因为分离焦虑而"拆家"。被独自留在家里时，狗狗会感到无聊、紧张。这时可以在离开家之前告诉狗狗，我们很快就会回来，避免狗狗产生被抛弃的错觉。

其实，喜欢啃咬东西是狗狗的天性，狗狗通过用牙齿啃咬的方式来了解世界，而且它们的这种天性不会随着年龄的增长而消失，即便是成年的狗狗也会有啃咬行为。所以，禁止狗狗啃咬是不可能的。我们需要做的是，从小教导狗狗什么可以咬，什么不可以咬，让它明白啃咬是可以的，但不能随意啃咬任何物品。

如果发现狗狗有"拆家"的行为，铲屎官不要马上训斥狗狗，可以通过让狗狗生理上不喜欢的方式，迫使狗狗改变习惯。喷洒狗狗不喜欢的味道，就是方法之一。

TIPS

狗狗"拆家"其实是一种"两败俱伤"的行为。狗狗咬东西大多用的是犬牙，犬牙在上下牙床各有两颗，大而尖锐。如果狗狗咬的东西太坚硬，啃咬的频次又比较高，可能会在牙床磨出伤口，细菌从伤口进入，可能会导致狗狗牙龈发炎。

在房间里撒尿做记号，狗狗有些不安

　　与狗狗一起生活可能常会因为一些琐事而烦恼，比如，狗狗总是在房间内撒尿。狗狗撒尿有两种情况：一种是为了排出体内多余的水分，是生理需要；第二种则是为了做记号，表明这是自己的势力范围，这是心理需要。此外，狗狗在发情期也会出现乱撒尿的行为。

　　处在发情期的公狗，小便的味道特别刺鼻，因为其中含有性荷尔蒙。公狗通过这种特别的气味向母狗展示自己的强大。

　　发情期的公狗为了赢得母狗的青睐可谓煞费苦心。发情期的公狗在做标记时，会尽可能地把腿抬得高一些，以便把尿尿到更高的地方，甚至有些体型小的狗狗，会倒立撒尿。

狗狗这种行为本无可厚非。但是，如果狗狗在室内做这种行为，就很让人头疼了。

为公狗做"去势"手术，可以解决它们的标记行为，"去势"手术就是我们通常说的绝育手术。不过，这种手术需要在狗狗形成做标记的习惯之前做，因为有些狗狗只要做过一次记号，就会产生永久性记忆，即使做了绝育手术，还是会跑到曾经撒尿的地方去小便。

如果狗狗以前从来没有做标记的行为，却突然开始在家撒尿做标记，可能是因为生活环境有了改变，使狗狗产生了不安情绪。比如，家里来了新狗狗，或者是搬了新家，这些情况都可能导致狗狗突然随地小便。

另外，当狗狗以为"自己的地位比铲屎官高"时，也会在室内做标记，这时，我们需要重新跟狗狗明确主人的地位和权威，避免狗狗养成不好的行为习惯。

TIPS

外出散步时，狗狗可能会在汽车轮胎、垃圾桶周围小便，影响我们居住环境的干净整洁，也容易引起邻里矛盾，所以，带狗狗出门时，最好带一瓶水，狗狗撒尿后，及时冲水清理。

大便前来回走动，打探周围情况

狗狗在大便前总爱走来走去、转圈，这是为什么呢？

确保安全。狗狗在排便的时候，需要后腿蹲下并保持一段时间，此时它们抵御攻击的能力较弱，所以会通过来回溜达赶走草丛中的蚊子、蝎子、蛇等动物，顺便观察周边环境是否安全。尽管现在狗狗大便的场所大多不会有危险，但是，这种确认安全的行为和意识已经深入骨髓，成为狗狗的一种生存本能。

保证皮肤干爽。狗狗的祖先生活在野外的草丛中，它们会通过踏平草丛让自己睡得更舒服，也会通过踏平草丛的方式，避免便便留在草上，进而沾到自己身上。

磁场效应导致的行为。也有说法认为，狗狗在排便前来回转圈圈是为了寻找与身体适合的磁场。据研究，狗狗在排便时身体倾向于南北向站立。

> **TIPS**
>
> 如果我们偷看狗狗排便被它发现，它会露出一副不好意思的表情，其实狗狗并不是在害羞，而是在表达不安的情绪。

将腿放在主人身上，我的地位更高

有时我们坐在沙发上看电视或者看书，狗狗也会跟过来，看似亲昵地把前爪放在我们的手上或者腿上，这看上去似乎是一副很温馨的画面。其实，狗狗的这种行为是在表达："我比你高一等，我掌握着主动权，对不对？"所以，如果狗狗出现这种行为，我们应该把它的前爪移开，及时提醒这种想法是它的错觉。

和同类玩耍的时候，狗狗也会把前爪搭在伙伴的肩膀或者背上，以此来表明自己的地位更高，如果对方不认可这个观点，就会把这只自大的狗狗推开。

如果我们把狗狗推开后，它还试图搭上来，我们就要用明确的语言训斥它，严厉地告诉狗狗："不可以。"否则，就会让狗狗以为我们认可了"它的地位比主人高"这件事，以后它便会在"颠倒主仆关系"的道路上越走越远。

如果狗狗保持坐姿，前爪搭在我们身上，眼巴巴地看着我们，这个动作看似和上边的动作一样，其实所代表的含义并不同。这时狗狗和我们多了眼神和表情上的交流，它的这个动作是在表达某种诉求，比如，想让我们带它出去散步，或者肚子饿了，想吃东西。

　　这时我们不要立刻回应狗狗的诉求，可以稍等一会儿，让狗狗安静下来，或者给狗狗下达一个指令，比如，趴下或者握手，狗狗完成动作后，我们再满足它的诉求，这样能更好地树立威信，确立铲屎官的主导地位。

TIPS

　　我们在训导狗狗时，除了使用语言，也可以加上一些身体动作，比如，我们说"不行"时，可以伸出手掌，掌心对着狗狗。这样，狗狗领会了我们动作的含义之后，即使我们不说话，用手势也能给它下达指令。

去室外散步狗狗就不听话了？

有人开玩笑说，带狗狗散步分为两种情况，一种是人遛狗，一种是狗遛人。

确实，如果狗狗长时间没有外出散步，一旦出门，会变得特别兴奋，甚至拉着我们跑起来。从狗狗的心情上来看，这种行为是可以理解，但是也不要纵容狗狗肆意乱跑。

狗狗是一种群居动物，在狗群中会有一个领袖，由它决定狗群前进的方向、下一步的动作等。所以，狗狗拉着我们走的行为，是在向我们宣告：它是主人，掌握着主动权。

如果我们不纠正狗狗拉着我们跑的行为，它就会越来越不听我们的命令。而且狗狗和铲屎官拉扯牵绳的行为，也可能给狗狗的脖子造成损伤。

要改掉狗狗的这个坏毛病，我们需要让狗狗认识到它的从属地位，强调铲屎官的权威。比如，在狗狗央求我们带它出去散步时，不立刻回应，而是等狗狗情绪平静下来，我们主动带它出门散步；散步时，如果狗狗想向左转，我们就刻意向右转，让狗狗知道，它必须按照我们引导的方向走。

平时也要注意训练狗狗听指令行事，比如，训练狗狗根据口令"坐下""停"，提升狗狗的服从意识，树立铲屎官的权威。

TIPS

外出散步可以很好地增进我们与狗狗的感情，也可以有效地帮助狗狗缓解压力，避免"拆家"行为。不过，我们带狗狗外出前，要确认狗狗饮饱得当；散步时，要避免带狗狗去其他狗常去的地方，以免感染传染病；散步回来后，要给狗狗及时补水，如果狗狗身上比较脏，也要及时给它洗澡。

狗狗为什么会离家出走？

我们经常会在户外看到各种的"寻狗启事"，狗狗是比较容易走失的。那么狗狗在什么情况下最容易走失呢？有人认为带狗狗外出散步时它们最容易走失，所以散步时要抓紧牵引绳，狗狗就不会丢失。

其实，狗狗走失大多都发生在家里。因为狗狗在家里基本不会用牵引绳，当它受到惊吓或者想出去玩时，会趁机偷偷溜出去。

狗狗从家里跑出去，可以分两种情况。第一种情况，狗狗受过良好的行为训练或者被主人照顾得很好。这种狗狗知道在没有主人陪同的情况下，是不能出门的，它会在门口发一会呆，内心里的"出去玩"和"回家"这两个想法做一番激烈的斗争，最终理智战胜了贪玩心，然后乖乖地回家。

第二种情况，狗狗可能因为居住环境不舒服、厕所不干净、主人经常不带它出去散步等原因，一溜出家门就不会再回来。

此外，如果主人搬了新家，狗狗也可能会因为对新环境不适应而离家出走。这时狗狗通常会跑回原来的住处。所以，如果搬家后狗狗突然消失不见了，可以先去原来的住处找一找。

TIPS

如果狗狗是在发情期不见了，那它可能是找异性去了。所以，如果不打算养育小狗，最好提前给狗狗做绝育手术。

狗狗可不喜欢大房子

　　因为爱狗狗，我们想给狗狗最好的生活条件，但有时候，狗狗似乎并不太领我们的情。比如，我们斥巨资给狗狗买了一个宽敞明亮的豪华狗屋，但是狗狗却不愿意住进去。

　　其实，这并不是狗狗不领情，是铲屎官没给狗狗选对房子而已。

　　狗狗的祖先是狼，狼平时在天然洞穴或者岩石缝隙中休息，它们喜欢四周被岩石包围的黑暗地方，这样的地方让它们更有安全感，狗狗也是这样。因此，宽敞明亮的豪华狗屋，并不能赢得狗狗的喜爱。

　　除了要注意狗屋的大小外，还要注意狗屋放置的位置，最好放在安静的卧室。

　　有时，狗狗会把沙发或者是玄关垫当作自己的"卧室"，但是这些地方并不安静，经常会有说话声、电视声等各种声音，对狗狗来说，并不是一个适合好好休息的地方。如果狗狗把沙发或者玄关垫当作卧室，肯定是迫不得已，还是要买个狗屋让狗狗更好地休息。

TIPS

　　狗狗是一种很敏感的动物。有时候，我们买回了合适的狗屋，狗狗也不愿意住进去。这可能是因为当引导狗狗进狗屋的时候，我们不经意间训斥了它。这让它产生了进入狗屋会挨骂的想法，所以就不敢进去了。我们可以采用奖励法，比如，把一粒狗粮放在狗屋，引诱狗狗进去，这样狗狗就会逐渐喜欢上狗屋。

东闻闻，西嗅嗅，"这里是我的地盘了"

有时候，狗狗会在家里东闻闻，西嗅嗅，这是它在确认自己的领地，判断是否有其他狗狗或者敌人进入，确认安全后，狗狗就会用小便标记自己的领地。所以，当狗狗不停地闻东闻西的时候，铲屎官最好带它去上个厕所。

有的狗狗会固定在一个厕所之外的地方小便，让铲屎官困扰不已，这是因为那里有它尿液的味道。可以用除臭剂或者漂白剂彻底清洗那个位置，去除狗狗熟悉的味道，或者在那个地方喷洒狗狗不喜欢的味道，再引导它去厕所，问题就能逐渐解决了。

如果我们搬了新家，狗狗会一时找不到上厕所的位置。我们可以把一个沾了狗狗尿液的垫子放在它的厕所，引导狗狗认识和熟悉新的厕所。

闻-闻~

TIPS

如果成年狗狗出现尿频的情况，可能是它生病了，比如，前列腺肥大等都会导致尿频；如果未成年狗狗出现尿频，可能是平时食物中的水太多了。当发现狗狗尿频时，一定要及时关注。

狗狗不断地舔舐同一部位，"我有些焦虑不安"

很多动物都喜欢舔自己的身体，狗狗也不例外，人们把动物的这种行为称作梳毛。动物通过梳毛来自我清洁，也能去除身上的一些寄生虫，还可以加快伤口愈合。

但是，如果狗狗一直舔前爪或者身体某个部位，我们就需要注意了，这可能是狗狗不安和焦虑的表现。

如果狗狗一直舔舐身体的某个地方，会导致被舔舐的部位脱毛，引发舔舐性肉芽肿，一旦养成这种习惯，包绷带或者戴伊丽莎白圈都很难完全纠正狗狗的行为。所以，我们要帮助狗狗缓解心理上的不安和焦虑，让它们放松下来。比如，发现狗狗想舔舐的时候，就给它下达"坐下"或者其他的指令，监督它完成，并让狗狗保持一段时间。下次狗狗想舔舐的时候，我们再重复以上动作，慢慢地就能帮助狗狗改掉这个毛病。

狗狗不停地舔舐身体的某处，也可能是患上了皮肤病或者关节炎，我们要及时辨别原因，如果发现狗狗生病了，或者查不出原因，都要及时带狗狗去医院，做进一步的检查和治疗。

TIPS

狗狗和猫咪都会用舔舐的方式给自己梳毛，不过，两者也有不同。狗狗只能做简单的梳理，因为它的舌头比较细腻，而猫咪的舌头上布满了倒钩，可以更好地梳理自己的毛发。

狗狗在认真地看电视？

我们经常看到狗狗聚精会神地看电视上的各种球类比赛，当我们追剧的时候，狗狗也会非常安静地坐在一边看电视，有时还会冲到电视机前跟电视里播放的内容"互动"一下。狗狗真的能看懂电视节目吗？

答案是完全看不懂。狗狗只是对动态的画面感兴趣而已。

如果电视上刚好出现了狗狗的画面，电视机前的狗狗可能会更兴奋。这时，我们要防止狗狗因为太过兴奋，而扑到电视上。当狗狗心情不好的时候，我们也可以播放有关狗狗的视频博它开心。

TIPS

据说，国外已经有了专门为狗狗打造的电视频道，可以让狗狗在没有主人陪伴的时候，通过看电视打发无聊的时间。

短腿狗狗，楼梯便是悬崖峭壁

在网上经常能看到一些很小的狗狗，在人的诱哄下，恐惧而笨拙地上下楼梯的视频。

其实，尽管这种情形看起来很可爱，但是，这对狗狗来说，并不是好事。因为对于腊肠犬、柯基之类的短腿犬类来说，即便是很低的楼梯或者马路牙子，在它们眼中，也像是悬崖峭壁一样充满危险和挑战。

当我们带着狗狗散步时，它们站在楼梯或者马路牙子旁不敢前进，我们不应训斥狗狗或者硬拽着它上下楼梯，以免给狗狗身体造成伤害。我们可以把狗狗抱起来，帮助它"渡过难关"。

对吉娃娃犬、博美犬这种骨质比较脆弱的狗狗，我们更要小心，不要让它们在楼梯上剧烈跑动，以免造成骨折。

如果家里有楼梯，狗狗会在楼梯上跑来跑去，最好在楼梯口加装围栏，保护狗狗的安全。如果家里的地面铺了大理石或者瓷砖，也要做好防滑措施，避免狗狗摔跤。

TIPS

现在狗狗的寿命普遍较长，对于年老的狗狗，我们也要注意不要强制它们上下楼梯，因为年老的狗狗容易骨质疏松，更容易骨折。

狗妈妈将宝宝叼在嘴里

　　如果我们打算让狗狗生小狗，需要事先做好充足的物质和思想准备，并了解狗妈妈在养育小狗时一些动作的含义。

　　比如，狗妈妈经常用嘴叼着狗宝宝，喉咙里还发出低吼声，这并不是狗妈妈在虐待孩子，而是在教育孩子，仿佛在对孩子说："你刚才那么做是错的，不能那么做。"所以，看到狗妈妈叼着狗宝宝的时候，不要指责或者吓唬它，应该让它继续履行妈妈的教育职责。

　　如果狗妈妈不在狗宝宝身边，作为主人，我们就得承担起教育狗宝宝的职责，让它成长为一只身体健康，并拥有良好行为习惯的好狗狗。

TIPS

　　通常小狗在满月后，就会长出乳牙，吃奶时会扯咬妈妈的乳头，狗妈妈因为疼痛，将抗拒给小狗喂奶。这时，我们就要给小狗准备离乳期狗粮了。

145

Part

6

训练一只敏捷
又能听懂指令的狗狗

教狗狗集中注意力，与你眼神交流

狗狗虽然不能说话，但他们很会"察言观色"。尤其在有所求时，狗狗充满期待地看着铲屎官，希望能带它出去玩、给它一点好吃的零食，或者抱抱它。

"眼神交流"是对狗狗进行训练的第一步，这个训练可以让狗狗猜测我们的想法，帮助我们更好地对狗狗进行后续的行为训导。

试试用下面的方法与狗狗进行眼神交流。

让狗狗站着或者坐着，我们站在狗狗面前，叫狗狗的名字，当狗狗听到呼唤，和我们眼神对上后，我们立刻夸奖它，或者是用零食奖励它。每天这样反复练习，狗狗会形成条件反射，它们认为：铲屎官在叫它名字后，它和铲屎官进行眼神交流会得到奖励。形成条件反射后，狗狗会逐渐习惯和铲屎官进行眼神交流，并通过眼神猜测铲屎官的想法。

TIPS

训导狗狗可以采用食物刺激法、冷漠忽视法、奖惩并用法等，其中，食物刺激法会让狗狗更乐意接受训练，所以使用的也最多，食物可以是狗粮，也可以是饼干、牛肉干等狗狗平时想吃但是不容易吃到的零食。冷漠忽视法通常用在狗狗想用某个我们不喜欢的方式引起我们注意时，采用冷漠忽视法，可以让狗狗明白它的这个方式不奏效，下次就不会再用了。奖惩并用法就是把食物刺激、机械刺激与抚摸、口头表扬等结合使用的方法，奖惩并用可以让狗狗知道什么行为该做，什么行为不该做，提升效果。

训练狗狗前要知道的几个技巧

训练狗狗听懂简单的指令是一件很有成就感的事情，同时，不同的训练有助于培养狗狗良好的习惯。训练狗狗是一个系统且循序渐进的过程，这中间也有很多小技巧和窍门。

（1）口头指令要统一。当我们训练狗狗"坐下"这个动作时，不能有时用"坐下"，有时用"sit"，指令不统一的话，狗狗不知道该听哪一个。在训练时，无论每次训练的人是否相同，所用的口令必须保持一致。

（2）奖励要适量、及时。当狗狗根据指令完成动作后，我们要在第一时间给予狗狗零食奖励，奖励的零食量不能太多，一颗狗粮的量就可以了。

（3）选择狗狗注意力最集中的时候训练。在狗狗精神最好、注意力最集中的时候进行训练，可以达到事半功倍的效果。通常狗狗肚子饿的时候，我们用零食来诱惑它，狗狗比较容易集中注意力，这时候适合训练狗狗。相反，狗狗刚吃饱或者困倦的时候，训练效果则会很差。

（4）控制训练的量。狗狗就跟小朋友一样，注意力集中的时间非常有限，大约在15分钟左右，因此，我们要在这15分钟内完成训练，不要让狗狗产生"厌学"情绪。另外，可以每天分次练习，每次练习时长控制在2到3分钟，维持狗狗练习的兴趣，这样会达到不错的效果。

TIPS

训练狗狗是一个循序渐进的过程，应该由简入繁，不断重复和强化。此外，不同的狗狗接受和学习能力也不同，我们不应该有攀比的心态。

训练狗狗，从"坐下"开始

狗狗天生是会坐着的，"坐下"对狗狗来说，是一个简单的动作，也是学习其他动作的基础。狗狗坐姿的标准是：前腿垂直，后腿弯曲，跗关节以下着地，头自然地抬着，尾巴自然地放在地面上。

狗狗学会"坐下"后，可以更好地集中注意力，我们也能借助"坐下"这个动作控制狗狗的兴奋程度。虽然狗狗天生就会坐着，但是，刚开始它听不懂我们"坐下"的指令，我们要训练狗狗，听从指令"坐下"，并坚持一段时间。

我们可以通过奖励零食的方法，让狗狗练习"坐下"。

（1）让狗狗看着零食。给狗狗戴上项圈，我们站在狗狗面前，把零食放在它眼前，或者让它用鼻子闻一下，用这个动作把它的注意力吸引到零食上。

（2）诱导狗狗坐下。把零食从狗狗的鼻子向头顶方向移动。狗狗为了吃到零食，会向上探头，屁股自然地就会"坐下"，当狗狗顺势有了"坐下"的动作瞬间，我们就发出"坐下"的指令。

（3）把零食奖励给狗狗。当狗狗完成"坐下"的动作后，把零食奖励给它，并且抚摸、夸奖狗狗。

（4）先用奖励零食的方法，重复练习步骤（1）到（3），等到狗狗习惯之后，我们可以不用零食吸引，单纯用"坐下"这个指令来训练它。

TIPS

奖励零食时，不要把零食拿得太高，否则狗狗够不到可能会站起来或者跳起来。

在训练过程中，如果狗狗没能顺利完成"坐下"的动作，我们也不要强硬将狗狗的屁股往下压。可以顺着狗狗屁股曲线由上向下抚摸，帮助它完成"坐下"的动作。

训练狗狗"趴下"，增强它的服从性

"趴下"是一种服从的姿势，训练这个动作，可以增强狗狗对我们的服从性，强化我们的主导权。"趴下"训练起来比"坐下"要稍微难一些，所以我们既要有技巧，也要有耐心，慢慢引导狗狗做出"趴下"的动作。

（1）我们先用上一节的方法让狗狗坐下，然后将零食放在狗狗眼前，让狗狗将注意力集中在零食上。

（2）拿着零食从狗狗的鼻子向它的脚部移动，并喊出指令"趴下"。当狗狗完成"趴下"的动作后，及时把零食奖励给它。

（3）继续按照以上顺序，多训练狗狗几次，等狗狗习惯了"趴下"的指令后，我们就可以尝试不再用零食引诱，直接发出"趴下"的指令，让狗狗练习趴下。

> **TIPS**
>
> "趴下"这个动作对于狗狗来说，有一点难度，如果狗狗一时没有顺利完成，我们也不要急躁。我们还可以坐在矮一些的凳子上，腿部弯曲形成一个人工"山洞"，然后用零食诱导狗狗从我们膝盖下钻过去，"山洞"高度有限，狗狗自然就会低下头，做出"趴下"的动作。

"别动"指令，训练狗狗的忠诚度

"别动"这个指令经常用在户外带狗狗外出散步时，它可能会因为兴奋而扑人，或者跟其他狗狗产生矛盾，给其他人或动物带来危险。这时候，我们需要用"别动"的指令，阻止狗狗做出危险的行为。"别动"这个指令能提高狗狗的注意力，培养它对我们的忠诚度。

可以用下面的方法训练狗狗听从"别动"的指令：

（1）把牵绳拴在狗狗脖子上，我们拿着牵绳站在狗狗的对面，然后给狗狗发出"坐下"的指令。

（2）狗狗坐下后，我们再喊出"别动"的指令，如果狗狗想有动作，我们就再喊一次"别动"的指令。我们可以在发出"别动"指令的同时，伸出手掌，手心对着狗狗，让狗狗知道这个手势就是让狗狗"别动"，等狗狗适应后，只要我们做出这个动作，狗狗就会坐下不动。

（3）用零食奖励狗狗。如果狗狗能够保持几秒不动，我们就把零食奖励给它。每次练习这个指令，逐渐延长狗狗听到指令后保持不动的时间。

（4）拉开与狗狗之间的距离。我们一次次拉开和狗狗之间的距离，直到牵绳伸直。在这个过程中，不断重复（2）和（3）的步骤。在给狗狗奖励时，我们要主动靠近狗狗。如果发现狗狗想动，我们可以拉一下牵绳，并向狗狗发出指令"别动"。

（5）改变训练的细节。让别人拿着牵绳，我们自己继续远离狗狗，然后躲起来，同时喊"别动"，这样可以让狗狗学会在听到我们喊出指令后就配合执行，无论它是否能看到我们。

> **TIPS**
>
> 在训练的时候，我们必须在狗狗快要忍不住、马上就要动的时候，给它奖励。在训练的过程中，要注意一直吸引狗狗的注意力，不能让它分神。

"过来"指令，让狗狗回到你身边

　　"过来"指令会帮助狗狗回到我们身边，这是非常重要的一种行为教育，也是狗狗应该学会的很重要的基本技能。狗狗掌握了这个技能后，即使在散步的过程中牵绳意外掉了，我们也能及时将狗狗召回。

　　"过来"指令可以用下面的方法训练：

　　（1）先给狗狗下达"别动"的指令，并和狗狗保持 1 米左右的距离。这时，拿出零食或者玩具引诱狗狗，并发出"过来"的指令，等狗狗过来后，让狗狗"坐下"，用零食或者玩具奖励它。如果发出"过来"指令后，狗狗待在原地不动，我们可以抖动牵引绳，吸引狗狗的注意力，并引诱它走过来，等狗狗走过来后，也要及时给它奖励。

（2）请他人拿着牵引绳或者用加长牵引绳，拉开我们与狗狗之间的距离，或者我们躲藏起来，重复练习步骤（1）。

（3）重复练习步骤（2），一段时间后，可以不再使用零食奖励，练习单纯用指令让狗狗"过来"。

TIPS

在这个训练阶段，我们要让狗狗树立听到"过来"的指令，回到铲屎官身边就会受到奖励的观念，如果狗狗在训练过程中调皮捣蛋了，我们也不能训斥它，否则训练效果会大打折扣。此外，在训练过程中，要正确使用牵引绳，避免绳子缠绕住狗狗的腿，影响狗狗的行动，也不能强硬拉拽牵引绳，要用抖动的方式，有节奏地刺激狗狗，让它赶紧行动起来。

"不许碰"，让狗狗远离不干净的食物

散步时，狗狗可能会因为好奇而误吃了不干净的食物；在家里，狗狗喜欢咬铲屎官的拖鞋玩耍，也常常对桌上的美食跃跃欲试。"不许碰"这个指令要解决的就是狗狗的这些问题。

来看看怎么做吧。

（1）选择瓶子、手套之类的狗狗可以叼起来的东西，并给这些物品涂上辣椒水或者其他狗狗讨厌的刺激性物质，放置在家里的角落。带狗狗来到物品旁边，指着物品对狗狗说："不许碰。"并让狗狗凑近闻这个东西。当狗狗没有碰这个东西时，就奖励零食给它，同时鼓励表扬它。几次之后，狗狗就会明白，听到"不许碰"的指令后，不碰面前的东西，就会被奖励。

（2）再用没有刺激性味道的东西来训练狗狗。比如狗狗喜欢的拖鞋，我们就可以在狗狗面前放一只拖鞋，当狗狗嗅闻拖鞋，想张嘴咬的时候，我们发出"不许碰"的指令，并用手挡在狗狗嘴巴前面。如果狗狗不碰拖鞋了，我们就奖励它零食。训练几次后，狗狗就会逐渐掌握"不许碰"的指令。

TIPS

在训练过程中，可以随时更换物品，加强狗狗对指令的服从度。这样，以后不论是在家里还是外面，不论狗狗面前的东西是什么，它都能遵从我们的指令。

捡球游戏时的两个指令

捡球是很多狗狗喜欢的一种游戏，游戏能缓解狗狗的压力，也能加深我们与狗狗之间的感情。捡球游戏的基础是要让狗狗学会"咬着"和"放下"两个指令，这两个指令也可以用来阻止狗狗乱吃东西。

具体训练方法如下：

（1）"咬着"指令的训练。拿一个狗狗喜欢的玩具，放在它嘴边，同时说出"咬着"这个指令。狗狗完成后，我们可以用夸奖或者抚摸的方式鼓励它。如果狗狗不感兴趣或者注意力不集中，不咬玩具，我们可以用手拿着玩具来回移动，吸引狗狗的注意力，引起它的兴趣。如果狗狗咬住之后，立刻就想把玩具放下，我们可以一手拉着狗狗的项圈，一手把它的下颌抬高，让它没办法松口。

（2）"放下"指令的训练。我们把狗狗咬着的玩具向斜上方拿起，狗狗自然就会松口，这时，我们发出"放下"的指令，狗狗会把玩具放下。当狗狗把玩具放下时，我们要立刻用零食奖励它。

（3）重复练习步骤（1）和（2）。训练一段时间后，可以不再用零食奖励，仅仅用口令训练。

TIPS

"放下"这个指令，不仅可以用于和狗狗的捡球游戏，也可以用于日常生活中。比如，狗狗叼走了我们的拖鞋，或者其他东西，都可以用这个指令制止狗狗的行为。

让狗狗去找东西

狗狗的嗅觉非常灵敏，能轻松分辨空气中细微的气味变化。我们可以利用狗狗的这个特点，和它玩寻找物品的游戏。这个游戏既能锻炼狗狗的嗅觉能力，也能增强它的自信心，提升它对我们的忠诚度。

具体方法如下：

（1）拿一个狗狗喜欢的零食放在它面前，让它嗅闻几下。如果狗狗想吃掉零食，我们就发出"不许碰"的指令。

（2）当着狗狗的面，把零食拿起来，放在它前方 1 米左右的地上，对它说"去找东西"。当狗狗找到零食并吃下后，我们要及时抚摸并鼓励它。

几米开外

（3）重复步骤（1）和（2），并逐渐增加难度，比如，让狗狗嗅闻零食之后，把零食放在更远的地方或者其他房间。

大多数狗狗都非常喜欢这种既能发挥嗅觉优势，又能吃到美味零食，还能得到主人赞赏的游戏。

TIPS

这个游戏很适合天气不好没办法带狗狗外出运动，但是狗狗又有精力需要发泄的时候，在室内陪狗狗玩耍。不过，需要注意的是，在寻物的过程中，狗狗有可能会把家里扒乱。

和狗狗一起玩中枪游戏

有时我们会在网上看到一些"戏精"狗狗，主人一对它做出开枪的姿势，或者说"我打中你了"，狗狗就会模仿中枪倒地的动作。

我们可以通过训练的方式，让自己的狗狗也成为"戏精"，具体方法如下：

让狗狗蹲坐好，我们站在狗狗面前用手指模仿开枪的动作，并对狗狗说"我打中你了"，然后轻轻推着狗狗的后背让它躺下，并用手抚摸狗狗的眼睛，让它闭眼。当狗狗想动时，我们要制止它，并发出"别动"的口令。

几秒钟之后，我们放开狗狗并及时用语言、动作或者零食奖励它。

不断重复前面两个步骤，经过一段时间的训练狗狗会逐渐明白我们的意思，在我们对它做出开枪的手势并发出"我打中你了"的口令后，它就会主动躺下闭上眼睛。

在狗狗熟练掌握"中枪躺地装死"的技能后，我们可以让狗狗学习翻滚的动作。当狗狗躺在地上时，我们对狗狗发出"翻滚"的指令，然后用手推它的身体，让它腹部朝天并向另一边翻滚。当狗狗完成一个翻滚后，我们要及时夸奖它，用零食奖励它。多训练几次以后，即使没有零食奖励，狗狗听到"翻滚"的指令后，也会做出翻滚的动作。如果家中有小孩，他们更乐意和狗狗玩这种游戏呢。

TIPS

我们要尽可能在每天的同一时间陪伴狗狗做游戏、玩耍。最佳的时间是傍晚，这个时间点可以消耗狗狗的精力，避免它晚上因为精力旺盛而影响我们休息。

和狗狗一起玩拉拽游戏

拉拽游戏，就是准备一根结实的绳子或者毛巾，我们拉着一头，狗狗咬着另一头，彼此较力的游戏，这有点类似于从狗狗口中抢拖鞋、衣服等。

玩拉拽游戏也有几个注意事项：

第一，铲屎官要掌握游戏的主动权。比如，我们可以邀请狗狗一起玩游戏，但是狗狗向我们发出游戏邀请时，我们大多情况下要拒绝，可以偶尔同意几次。玩耍过程中，我们也可以随时终止游戏。

第二，适当让狗狗得胜几次。如果我们总是胜利，狗狗就会有较强的挫败感，不再想玩。我们在玩耍中可以偶尔让狗狗赢一次，激发它继续玩的兴趣。

第三，适时停止游戏。拉拽游戏能很好地消耗狗狗的体力，又能发挥它们撕扯的本领。它们很容易在游戏中过度兴奋。如果我们发现狗狗有这种征兆，就要及时暂停游戏，等狗狗平静后再继续。

TIPS

在拉拽游戏中，我们选择的拉拽道具要有一定的柔韧性，既能承受住拉拽的强度，又不会伤害狗狗的牙齿，比如，较为坚韧柔软的绳索、无用的毛巾、较为光滑的木棍等。铁棍等太过坚硬的物品不适合用在这种游戏中，以免狗狗用力过猛伤及牙齿。

室外玩耍时的口哨训练

居住在地震频发区或者喜爱户外运动的人，都喜欢备一个紧急口哨。相比说话，口哨吹起来更省力，且有穿透力。

我们在训练狗狗时，也可以利用口哨代替说话。训练方法如下：

（1）找一个较为僻静的地方作为训练场地。和狗狗保持几米的距离，手中拿着它喜欢的小零食，呼唤它的名字并用力吹一声口哨。狗狗听到呼唤后会转头看我们，当它看到我们手中的零食时就会奔跑过来，我们要把手中的零食奖励给它，夸奖它并抚摸它的颈背，然后让它自由活动。

（2）过一会儿，我们再次呼唤狗狗的名字，用力吹一声口哨，拿零食引诱它，狗狗跑过来后，继续给它零食奖励，夸奖并抚摸它。这样重复几次后，狗狗听到口哨声，即使我们没有叫它的名字，它也会跑过来。

（3）继续拉开与狗狗的距离，比如相隔10米、20米，或者藏在树丛中吹响口哨。这时，狗狗会循着声音向我们跑来。如果狗狗跑到我们的藏身地附近却没看到我们，并表现得非常焦急，我们要及时现身。当狗狗来到我们身边后，继续给它奖励。多次之后，狗狗即使在离我们较远的地方听到哨声，也会迅速回到我们身边。

TIPS

口哨训练对于那些活泼好动、爱跑爱玩的狗狗来说很有用。如果我们和狗狗在户外运动时走散，就可以通过口哨，让狗狗尽快回到我们身边，避免狗狗走失。

"回家"训练，狗狗不再走丢

狗狗走失是很多人最怕的一件事，训练狗狗"回家"显得尤为重要。以下方法可以用来训练狗狗自主回家的能力：

（1）带狗狗熟悉家周围的地理环境

在带狗狗散步时，以自家房子为中心，慢慢向周围扩大散步的范围，这样狗狗就会对家周边的建筑物、道路等逐渐熟悉起来。万一某天狗狗走失，它可以凭借自己对家周边事物的记忆，找到回家的路。

（2）选择一条简短好记的回家路线，让狗狗记忆

每次带狗狗散步回家时，可以选择一条简短、有明显特征且机动车少的路线，反复走。这样，狗狗就会对这条路特别熟悉，也有利于它找到回家的路。

（3）训练狗狗独自回家

这种训练须在狗狗能够较好地完成我们下达的一些简单指令后进行。

第一步，由家人带狗狗走出家门十几米后解开它的牵引绳，我们站在家门口召唤它。狗狗听到召唤回到我们身边后，及时奖励它零食并夸奖它。

第二步，在狗狗熟悉了这一段距离后，逐渐增加距离。如果狗狗在训练中走错了方向，我们不要责骂它，而要温和地纠正它。

另外，在训练狗狗这个技能时，不宜在白天或人多时进行，以免影响周围人们的出行，可以选择在清晨或晚上人少的时候带狗狗外出训练。

（4）帮狗狗在家附近做标记

狗狗的嗅觉非常发达，它们在辨识方向或寻找物品时都离不开嗅觉的帮助。我们可以利用狗狗的这个特点，在家周围适当做一些气味标记。

需要注意的是，这里所说的标记并不是让狗狗在家附近的墙脚、路边撒尿，这不利于保持户外环境卫生，也经常被环卫人员清理，气味保留时间较短。

  我们可以用狗狗喜爱的零食在家附近的墙壁上轻轻地蹭几下，既留下了味道，又不会留下划痕。然后，我们让狗狗来闻这个味道。通过这种方式在回家的路上多标记几处，以后定期用同样的零食在这些标记点蹭画，以延长气味存留时间。

  万一狗狗走丢，它还可以凭借这些气味标记点，找到回家的路。

TIPS

  和我们人类不同，狗狗只能看到黑白两种颜色，而且狗狗眼球的水晶体比较大，无法调节远近感，所以，二三十米是狗狗能看到的极限，想让狗狗单纯依靠视觉找到回家的路是不太现实的。

  而狗狗的嗅觉非常敏锐。一只受过专业训练的狗狗可以分辨出 10 万种以上的气味，所以，让狗狗通过气味来找到回家的路是一种很好的方式。

和狗狗一起跑步吧

跑步可以帮助狗狗控制体重、维护心脑血管健康，还有利于狗狗释放压力，保证狗狗的心理健康。此外，带着狗狗一起跑步也能培养我们与狗狗之间的感情，让我们更友好地相处。

带狗狗跑步可以有两种方式：户外随行跑和跑步机上跑步。

（1）户外随行跑

在户外带狗狗跑步的过程中，会遇到各种情况，比如，陌生人的逗弄、其他狗狗的纠缠、附近的汽车突然鸣笛等，如果狗狗的服从性差，就可能会被周围的事物吸引注意力或者受到惊吓而脱离我们掌控，出现意外。

所以，带狗狗随性跑之前，需要先训练它执行"坐""趴""停下"等指令，当狗狗能听懂指令并严格执行后，我们再带它外出跑步。

带狗狗随行跑时，要让它走在我们身体一侧的偏后方，这样更容易及时观察和控制狗狗的动向。

（2）训练狗狗用跑步机

户外跑步是狗狗最喜欢的运动，但是如果实在没时间带它外出，或者碰到天气不好的情况，我们也可以用跑步机，让狗狗达到运动、排解压力的目的。

训练狗狗用跑步机的具体方法如下：

①让跑步机处于关闭状态，把拴有牵绳的狗狗带到跑步机前，让它通过嗅闻等方式逐渐熟悉跑步机，消除对跑步机的害怕心理。

②用零食、玩具等引诱狗狗走上跑步机带，站立 1 分钟左右，再给它零食奖励。

③让狗狗坐在跑步机附近，将跑步机设置为低速运转，让狗狗习惯机器的声音，当它不再表现出惊慌与烦躁后，关闭跑步机。休息片刻，再带狗狗上跑步机，待其站定后，打开跑步机，设置到低速模式，让狗狗慢慢地在跑步机上走。

④根据狗狗的体型大小逐渐提高跑步机的速度。假如发现狗狗有不安或者跛行等情况，立即关闭跑步机，待狗狗平静下来后，再重复第三步、第四步。

⑤当狗狗用舒适的速度行走约 1 分钟后，解开牵引绳，让它继续自由行走 10~15 分钟，这中间记得给狗狗零食奖励和表扬。如此每天训练一次，一星期左右后，狗狗就会适应在跑步机上跑步了。

需要注意的是，未成年的狗狗不适合跑步。因为处于身体发育期的狗狗骨骼比较脆弱，跑步运动量大，会给狗狗的骨骼带来额外的摩擦和压力，容易导致未成年狗狗受伤，甚至会造成终身伤害。所以，一般狗狗出生 9 到 12 个月之后，才适合跑步，大型犬则应该更晚一些。

有些品种的狗狗也不适合跑步。比如，法斗、八哥犬等短鼻犬，它们体温调节能力很差，怕热，体力又差，所以不适合跑步。

TIPS

第一次带狗狗户外跑步的目的并不是跑步本身，而应把注意力放在观察狗狗的行为状态上，循序渐进地帮助狗狗适应同我们一起跑步。最初 10 分钟是用来找到令狗狗感到舒适、可以耐受的速度，倘若狗狗的奔跑速度突然变慢或出现跛行，意味着它已经感到疲意不适、需要休息了。跑步时间最好安排在温度适宜的清晨或傍晚，同时为狗狗携带充足的凉爽新鲜的饮用水，避免狗狗中暑或脱水。

接球游戏，培养狗狗的默契

　　我们把球远远地扔出去，狗狗兴奋地跑去追球，然后叼着球跑回来，再把球送给我们，示意再玩一次。这就是狗狗很喜欢的接球游戏，能够很好地增进我们与狗狗之间的感情。

　　要完成这个游戏，需要先训练狗狗掌握一个动作"衔"。

　　衔其实是狗狗的一种本能，但是要让狗狗按照我们的指示衔一个东西，然后递还给我们，则需要专业的训练。

　　具体训练方法如下：

　　（1）把狗狗带到一个安静的地方，拿一个狗狗喜欢、又能咬住的玩具，在狗狗眼前摇晃，吸引它的注意力。

　　（2）当狗狗被引诱着衔住玩具时，我们发出"衔"的口令，然后通过抚摸、夸奖等方式给狗狗奖励。

　　（3）等待几秒后，我们发出"吐"的口令，让狗狗把玩具吐给我们。当狗狗完成后，也给予抚摸、夸奖等奖励。

　　（4）当狗狗熟练地学会了"衔"和"吐"玩具的动作后，我们可以逐渐减少引诱动作，让狗狗仅听指令来完成动作。

　　（5）在狗狗熟练完成上述动作后，我们可以向上方扔出球，并向狗狗发出"衔"的指令，让狗狗尝试用嘴接住，并按照我们的指令衔到我们身边，把球吐到我们手里，然后及时给狗狗奖励。训练的时候，逐步增加我们和狗狗之间的距离。

　　通过这样重复练习，狗狗就会逐渐学会接球游戏。

　　为了保证狗狗在练习过程中的兴奋度和注意力，我们应该选用狗狗感兴趣的玩具，而且每次练习衔取的次数不能太多，否则狗狗会感到厌烦。

　　选取的玩具要大小适中，可以被狗狗咬住，又不会被它误吞，且材质应该是环保无公害的。

　　狗狗每次完成动作后，我们都要及时给予奖励，同时要纠正狗狗在衔取过程中撕咬或者私自吐掉物品的坏习惯。

钻圈游戏，让狗狗动起来

这个游戏适合两个人和狗狗一起玩，所需要的道具是一个呼啦圈，或者废旧的自行车外胎。

（1）选择一个空旷且人少的地方，一个人手持呼啦圈，使之与地面垂直，另一个人蹲在呼啦圈的一侧呼唤对面的狗狗，并用狗狗喜欢的玩具或零食，引导它穿过呼啦圈来到自己身旁。

（2）当狗狗成功钻过圈后，要及时夸奖它，并用零食奖励它。

（3）重复前面两个步骤，反复几次之后，让呼啦圈离开地面少许距离，让狗狗跳跃穿过呼啦圈。在狗狗完成任务后，及时给予表扬和零食奖励，然后不断增加呼啦圈和地面之间的距离，鼓励狗狗从远处跑来跳跃穿过呼啦圈。在狗狗熟悉了这个跳跃的高度后，再进一步加大呼啦圈和地面之间的距离。

TIPS

如果狗狗中途停止跳跃或者从呼啦圈下方跑过，不要批评它，而是及时阻止它的行为，温和地对它说"乖，跳过去"，引导它继续尝试这个游戏。如果呼啦圈离地面的距离过高，狗狗跳不过去，就要降低呼啦圈和地面之间的距离，让狗狗在能力的范围内继续玩耍。在它熟练穿过这个高度的呼啦圈后，再逐步增加高度。

跳绳游戏，狗狗也可以

看到"跳绳"这两个字，你可能会惊讶：怎么可能，狗狗又不是人，还会跳绳？其实，在一定的训练和陪伴下，让狗狗学会跳绳并不是难事。跳绳这个游戏需要两个人和狗狗一起玩，当然，还要准备一根较长的跳绳。

将绳子的一端系在柱子或树干上，一个人握着绳子的一端用力上下摇动，另一个人负责更有挑战的事情——带着狗狗一起跳绳。起初，狗狗的神情很迷茫，它并不知道人类为什么要在一根绳子上跳来跳去。这时，不要着急让狗狗加入进来，先让它蹲在一旁观看你跳绳的动作。刚开始时，你们跳绳的动作要慢一些，让狗狗看清楚，然后带着狗狗一起跳绳。

（1）先将绳子放在地上，和狗狗一起从绳子的一侧跳到另一侧。

（2）让同伴将绳子扯离地面一定高度，我们和狗狗一起从有一定高度的绳子一侧跳到另一侧。

（3）让同伴将绳子慢慢摇起来，当绳子快落地时，我们引导狗狗一起跳起来，让绳子从脚下滑过。在狗狗适应这种慢动作的跳绳游戏后，再逐渐加快跳绳的速度。

如果你家的狗狗是个运动爱好者，不妨找个好天气，带狗狗一起去跳绳。

TIPS

和狗狗做户外游戏时，游戏时长一般根据狗狗的体力而定，小型狗狗一次玩耍时间在 20 至 30 分钟，体力充沛的狗狗可以延长玩耍时间。游戏中，可以根据狗狗的身体情况适当休息几分钟，并给狗狗喂水，但不能让狗狗短时大量饮水，以免对身体不利。

狗狗的健康最重要

如何选择宠物医院

养了狗狗之后就免不了要和宠物医院打交道，那么如何判断一家宠物医院是否"靠谱"呢？

查看证件执照是否齐全

正规的宠物医院是经过行业主管部门审批后成立的。也就是说，经过政府部门专业审查后成立的宠物医院都具备了从业资质，其硬件条件也比较齐备。但是，现实中有很多宠物医院并没有完备的资质证明，很难保证对狗狗的治疗和护理质量，甚至其从业人员还可能会因专业水平较低而贻误狗狗的病情。因此，在选择宠物医院时，首先要查看的就是医院证件执照等是否完备。

了解医生的资质和水平

在确认宠物医院证照齐全之后，还要关注其医疗水平和服务质量。在给狗狗选择医生时，要注意了解这位医生是否有相应的兽医执照。一般来说，在医院的大厅或诊区会公开贴出坐诊兽医的照片、姓名、证书和资历说明。一般来说，兽医工作时间较长，实践经验会比较丰富，其医疗水平相对也比较高。此外，还可以通过和坐诊医生的交流，了解其医术水平和服务态度。

实地考察环境和卫生状况

有的宠物诊所周围环境嘈杂，内部空间狭小，一进门就能闻到宠物排泄物等各种味道，这样的宠物医院卫生状况令人担忧，明显是不合格的。

正规的宠物医院通风条件较好，内部布局合理，室内外消毒工作做得也很好，也不会有或少有宠物排泄物等难闻气味。在医院的诊疗室、观察室等区域还会有每日消毒的公开告示牌。狗狗在这样的环境中接种预防针或接受诊治治疗，能较好地避免交叉感染的情况。

了解医疗服务项目及收费是否公开、合理

正规的宠物医院都会根据主管部门的要求在公共区域公布各种医疗服务项目，以及相应的收费标准，并且会出具正规发票。如果没有详细、公开的项目收费标准及正规发票，一旦产生纠纷则很难保证宠物主人的合法权益。

多方了解宠物医院的口碑

宠物医院或宠物诊所大都是在本地长期经营的，各家的医疗水平和服务质量都瞒不过本地的爱狗人士。可以向其他养狗爱好者请教，了解他们对当地各家宠物医院的看法。一般来说，如果一家医院在本地养狗爱好者群体中的口碑较好，那么它的医疗水平和服务质量应该也是值得信赖的。如果某家宠物医院的纠纷较多，那可以在很大程度上说明其运营和医疗水平方面可能存在不少问题。

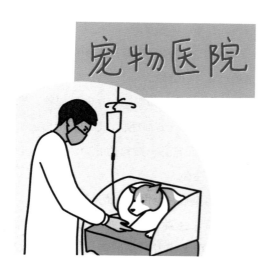

狗狗的体检

狗狗的忍耐力比较强，有时候，即使身体不舒服我们也难以发现，等到我们能看出症状的时候，可能病情已经比较严重了，因此，要定期带狗狗体检，及时发现异常。

体检时间

一般来说，狗狗在出生 30 天后就可以进行体检了。之后，建议每年体检一次。如果是患有慢性病或者是 7 岁以上的老年狗狗，建议每 6 个月体检一次。

需要检查的项目

体检项目一般包括常规检查、粪便检查、尿常规、血液生化、血常规检查、人畜共患病检查、超声检查、DR 检查等。

1. 常规检查：这是所有年龄段的狗狗都要进行的一项检查，它通常包括查看狗狗五官及口腔，检查被毛、皮肤健康情况，测血压、心率、体温等。

2. 粪便检查：主要是检查狗狗是否感染了寄生虫或是消化道紊乱类疾病。如果狗狗平时饮食正常，也没有消化不良的症状，这项检查可以选做。

3. 尿常规：检查狗狗是否存在泌尿系统感染或者结石。如果狗狗平时有尿频、尿急、尿血等不正常的症状，一定要检查尿常规。如果没有这方面症状，也可以选做。

4. 血液生化：可以检测出狗狗的各器官功能是否正常，一般包括肝功、肾功、电解质三个部分。建议 7 岁以上的老年狗狗定期做血液生化。

5. 血常规：主要检查狗狗身体是否缺血，是否有炎症，是否有病毒感染等。

6. 人畜共患病检查：狗狗患上人畜共患病后，会直接影响主人的身体健康，所以这项检查非常重要，主要检查狗狗是否携带狂犬病毒、莱姆病、钩端螺旋体病等病原体。

7. 超声检查：也就是 B 超检查，主要是检查狗狗的肝、胆、胃、肺、膀胱、子宫等内脏是否有病变。如果家里有没绝育的母狗，或者年纪较大的狗狗，建议这项检查要做一下，因为没绝育的母狗容易患上子宫蓄脓，年纪较大的狗狗内脏器官也容易产生各种病变。

8.DR 检查：类似我们体检中的 X 光，主要检查狗狗的关节、髌骨、髋关节骨骼是否正常，有无病变。如果狗狗平时行动没有异常，也可以选做。

TIPS

如果狗狗是第一次做体检，体检项目可以多一些，以后再体检时，这些项目可以根据狗狗的具体身体情况、有无异样等酌情选做。

在体检机构选择上，要去正规的宠物医院。

有些人会将宠物医院和宠物诊所弄混，两者的主要区别是：宠物医院要求至少配备三名执证兽医，且证书持有人必须是医院的所有人或坐诊医生。宠物医院还必须有《动物诊疗许可证》和动检结构的开业许可。而宠物诊所一般在小区周边，对从业人员的数量没有严格的要求。

狗狗的疫苗接种

为狗狗接种疫苗既是对狗狗的健康负责，也是对我们自己家庭成员的健康负责。

二联、六联、七联是什么意思

带狗狗打疫苗的时候，会有二联、六联、七联等说法，这是什么意思呢？

通俗来说，几联一般就是可以防止多少种疾病的意思。比较常见的狗狗疫苗主要有以下几种：

二联：预防犬钩端螺旋体病及传染性肝炎。

六联：预防犬瘟热、犬细小病毒、犬钩端螺旋体病、传染性肝炎、传染性支气管炎和副流感病。

七联：预防狂犬病、犬瘟热、犬细小病毒、犬钩端螺旋体病、传染性肝炎、传染性支气管炎和副流感病。

疫苗的选择

市面上的疫苗有国产和进口两种。

国产疫苗有七联、五联、单种等多种，但是只有少数的集中通过了有关部门的检测批准，带狗狗打疫苗的时候，需要注意辨别。如果不放心的话，可以询问医生疫苗的品牌，上网搜索一下，查看是否为正规企业生产。

进口疫苗主要有狂犬疫苗和六联疫苗。正规的进口疫苗常见的有荷兰英特威、美国辉瑞疫苗、美国富道疫苗等。

接种疫苗的时间

一般来说，健康的狗狗出生后 50 天左右就可以去医院注射第一针犬六联疫苗。第一年要注射三针，每次间隔 21 天，以后每年注射一次。

狗狗三个月的时候，可以带它注射狂犬病疫苗，每年接种一次。注意，这个疫苗是必须接种的。根据 2021 年 5 月 21 日起开始实施的《动物防疫法》，个人养狗必须定期给狗接种狂犬疫苗，否则可处 1000 元以下罚款，逾期不改正的，最高将面临 5000 元罚款。

如果狗狗到我们家的时候，年龄已经超过 6 个月，且之前没有注射过疫苗，那么需要注射两次六联疫苗，每次间隔 21 天左右。同时，按照医生建议，完成狂犬疫苗注射。以后每年注射一次六联疫苗和狂犬疫苗。

有人认为，既然狗狗注射过疫苗了，那么被狗狗咬伤或者抓伤也就没有什么大碍，其实不是的。

注射疫苗后，狗狗并不一定会产生免疫。被注射过疫苗的狗狗咬伤或者抓伤后，应该立即去医院接种疫苗，同时，采用"十日观察法"，也就是观察咬伤我们的狗狗健康情况如何，如果 10 天后，狗狗仍然很健康，那么被咬伤者就可以咨询医生意见，是否要终止疫苗接种。

被狗狗咬伤或者抓伤一定要引起重视，不可掉以轻心。

TIPS

1. 在打疫苗时，要提前给狗狗量体温，确保狗狗在打疫苗时是健康的。怀孕的母狗不适合打疫苗。

2. 关于交费。如果可以确定一直在某家医院打疫苗，可以选择一次性交费，价格上可能会争取到一些优惠；如果不能确定，也可以分次付费。

3. 疫苗应该是从冰箱里拿出来的，注射前，护士应该向我们展示疫苗，让我们核实疫苗上没有针孔等使用过的痕迹。

4. 注射过第一针后，医院会提供一个疫苗注射表，上面有狗狗的基本资料，并在已经注射过的疫苗下面标注疫苗的品牌，以便下次去其他宠物医院打针，医生了解情况。一般建议前三针采用同一品牌的疫苗，从而达到更好的免疫效果。

5. 疫苗注射完成后，最好在医院观察 5 到 10 分钟，以免狗狗出现过敏等现象。

6. 最好在狗狗打下一针疫苗之前，提前预约。有些医院，也会在狗狗该打疫苗的时候，通过电话或者短信提前提醒主人。

给狗狗做绝育手术

狗狗的绝育手术是指用外科手术的方式，将母狗的卵巢、子宫，或者公狗的睾丸摘除，使狗狗无法生育。

是否要给狗狗做绝育手术是很多铲屎官都在纠结的问题。客观来看，给狗狗做绝育手术，有利也有弊。

给狗狗做绝育手术的好处有以下三个方面：

第一，降低狗狗患子宫蓄脓、前列腺肿大、睾丸肿瘤等疾病的概率，延长狗狗的寿命。

第二，改善狗狗因为发情而带来的烦恼。狗狗做过绝育手术后，不会再因为发情而乱跑、乱撒尿等，性情也会更温和，可以让狗狗与我们的同居生活更融洽。

第三，避免计划外的狗狗出生。

当然，给狗狗做绝育手术也有一些不利方面。有研究表示，狗狗做了绝育手术后，肥胖的概率会增加，容易患上心脑血管疾病。因此，给狗狗做了绝育手术以后，要注意调整狗狗的饮食结构，增加狗狗的运动量，让它保持合理的体重。另外，狗狗在手术的过程中，需要麻醉，如果狗狗对麻醉剂过敏，可能会导致过敏休克，危及生命。

我们可以根据自己的规划来决定是否要给狗狗做绝育手术。

如果做绝育手术的话，最佳时间是狗狗6个月到9个月之间，因为这时狗狗生长发育已经完成，生殖系统已经成熟，性格也比较稳定了，这时候给狗狗做绝育手术能将身体和心理伤害降到最低。不同品类的狗狗因为发育的快慢不同，最佳绝育手术的时间也会有所不同，如果有给狗狗做绝育的计划，请提前咨询专业的宠物医生。

需要注意的是，做绝育手术的狗狗必须身体健康，已经注射过疫苗，且没有处在发情期。

狗狗感染体外寄生虫

如果生活环境不卫生，狗狗就可能感染体外寄生虫，从而患上皮肤病。狗狗感染体外寄生虫后，会因为瘙痒而不停地抓挠患处。如果狗狗出现了这种症状，我们要及时为狗狗做全面的检查。

以下几种寄生虫都可能会导致狗狗患上皮肤病：

(1) 跳蚤。

它们通常隐藏在狗狗的屁股、尾巴、腋下、脖子等地方，如果我们留意的话，肉眼就可以看到跳蚤，发现以后把它抓下来就可以，然后要注意给狗狗洗澡，让狗狗保持干净。由于人类的体温、体毛与狗狗的不同，狗狗身上的跳蚤并不能在我们身上存活。

(2) 壁虱。

壁虱就是我们常说的蜱虫。这种寄生虫落到人或者动物身上后，会用头部钻入皮肤吸血，同时分泌一种有害物质，因此，一旦发现被蜱虫咬了，要及时找医生取出，不要自行处置。

蜱虫不吸血时个头很小，仅有米粒或者绿豆大小，它一旦吸饱血，会变得跟黄豆差不多大，甚至可能达到指甲盖大小。

蜱虫通常寄生在狗狗皮肤比较薄、不易挠到的地方，会让狗狗烦躁、贫血，甚至会患上壁虱麻痹症。

如果我们在狗狗身上看到这种寄生虫，应立刻带狗狗到正规的宠物医院，由医生处理，并定期带狗狗做检查，注射相应的抗病毒药物。

（3）螨虫。

螨虫一般藏在狗狗的腹部、大腿根内侧。狗狗感染螨虫后，身上会出现小红点，嘴唇周围的皮肤会发红、脱毛，还可能导致皮肤感染，受感染的部位会出现脓性分泌物。

 护理及治疗

如果狗狗感染了体外寄生虫，我们应该及时带它去宠物医院，做全面的检查和治疗。

狗狗感染体内寄生虫

有时狗狗会不停地追着自己的尾巴咬，这可能是因为狗狗无聊，或者肛门腺阻塞了，也可能是狗狗患上了寄生虫病，因为蛔虫、绦虫等寄生虫都会从肛门中爬出来。

狗狗的体内寄生虫主要分为以下几类：

(1) 犬蛔虫

蛔虫病是狗狗非常常见的一种疾病，可以通过狗狗的粪便传染。狗狗得了蛔虫病后，会逐渐消瘦、口腔黏膜变白、食欲不振、呕吐、发育缓慢。蛔虫大量寄生还可能会引起狗狗肠道梗阻或者阻塞胆道，狗狗还可能因为蛔虫毒素而出现类似癫痫的症状。

(2) 犬钩虫

和蛔虫病一样，犬钩虫病也是狗狗常见的线虫病之一，狗狗得了犬钩虫病主要表现为大便很稀，便中带有血和黏液，同时身体变瘦、贫血、食欲减退、呕吐、四肢浮肿、口角糜烂等，狗狗还可能会吞食各种乱七八糟的东西，比如泥土、石头等。

(3) 线虫

线虫病，一般是指旋尾线虫病，狗狗患病后，会出现食欲不振、吞咽困难、呕吐、干咳、结膜苍白、变瘦的现象。极少数狗狗会出现主动脉破裂，发生大出血后死亡。

(5) 心丝虫

心丝虫，是一种通过蚊子传播的寄生圆线虫，心丝虫成虫寄生在狗狗心脏上，随着血液流动时，会引起心功能紊乱或者心内膜炎。感染了心丝虫，一般情况下没有明显症状，严重时会有慢性干咳，狗狗容易疲劳、呼吸困难、肝脾肿大、心衰竭、血尿等症状，甚至会造成器官衰竭乃至死亡。

(6) 犬绦虫

绦虫是狗狗肠道寄生虫中最长的一种，种类很多，对狗狗的健康危害很大。狗狗感染绦虫后，前期症状并不明显，仅能从狗狗粪便中见到一些乳白色的绦虫节片。大量感染时，可造成狗狗营养不良、消瘦、贫血、胃肠道症状及神经症状，重者可导致狗狗全身衰弱乃至死亡。

 护理及治疗

家里可以常备一些狗狗专用的除虫药，当发现狗狗感染了寄生虫后，可以先去宠物医院，确诊后对症下药。此外，狗狗感染寄生虫，很多时候是因为身体和周围生活环境不卫生，平时应注意帮助狗狗清洁身体，并保证狗狗生活环境的清洁卫生。带狗狗出门散步时，注意带狗狗远离垃圾箱、杂草丛等"藏污纳垢"的地方。

狗狗过于肥胖，怎么办

如今，肥胖已经成为影响人类健康的一个重要因素。肥胖也会给狗狗带来各种健康问题，所以我们在管理好自己身材的同时，也要帮狗狗做好身材管理。

狗狗肥胖大多是因为吃得过多，同时运动量又不足导致的。狗狗肥胖的"锅"其实应该我们来背，因为很可能是我们不规律、不健康的生活方式导致了狗狗营养过剩、运动量不足。比如，如果我们很少外出运动，自然也就很少带狗狗外出运动，狗狗变胖也就比较常见了。

也有些狗狗，比如拉布拉多、米格鲁小猎犬、腊肠犬等，本身就属于易胖体质，它们的肥胖可能是先天的。

肥胖也同样会让狗狗患上"富贵病"，比如高血压、糖尿病、动脉硬化、关节炎、皮肤病等。肥胖的狗狗做手术时，也容易出现麻醉失败的情况，导致手术风险增高。

那么，判断狗狗肥胖的标准是什么呢？

狗狗是否肥胖不能仅仅通过体重来判断，而是要从体型上判断。比如，有的狗狗很重，但是骨骼和肌肉很发达，这种情况基本不会影响健康，也不能算是肥胖。

具体来说，可以通过以下方法判断狗狗是否属于肥胖：

（1）看狗狗的腰身。如果从上往下看不到狗狗的腰，就说明狗狗偏胖了。

（2）摸肋骨。用手摸狗狗的侧腹部，如果摸不到肋骨，则说明狗狗身上的肉有点多了。

（3）摸脊椎骨。用手摸狗狗的背部，如果摸不到脊椎骨，也说明狗狗有肥胖嫌疑了。

护理及治疗

"管住嘴，迈开腿"是减肥的不二法则。同时还要注意，减肥要循序渐进，不能过于激进，否则可能损害狗狗身体健康。

（1）管住嘴。帮狗狗减肥不能简单地减少食物的量，而是要调整饮食结构，给狗狗吃有饱腹感但是热量低的食物。也可以在食物中添加膳食纤维丰富的胡萝卜或者牛蒡等蔬菜，促进狗狗排便，减轻体重。

如果有时间的话，也可以为狗狗自制减肥餐。将糙米等谷物，鸡胸肉、鳕鱼、鲑鱼等肉类，胡萝卜、牛蒡、南瓜等蔬菜按照同等比例放在一起烹饪，约等于之前狗粮的量即可，代替原来的狗粮，使狗狗吃得更加均衡而营养。

（2）迈开腿。要增加带狗狗运动的次数，并且运动要遵循循序渐进的原则。对于体重基数比较大的狗狗来说，如果家附近有狗狗游泳池，可以带着它去游泳，游泳既可以达到运动的目的，又不会因为体重基数过大给关节造成太大的负担。

狗狗中暑，你知道怎么处理吗？

夏天，我们经常会看到狗狗吐着舌头，大喘气，这表明狗狗很热，它在通过舌头散热。

狗狗浑身都带着毛发，所以它们非常怕热，也很容易中暑，在夏季要尤其注意关注狗狗的健康状况，避免狗狗中暑。

狗狗散步时速度明显比平时慢，或者散步途中多次停下来不动，都可能是中暑的前兆。

夏天户外的地面在太阳直射下可达 50 摄氏度，狗狗一出门，体温就会迅速上升。再加上狗狗本身汗腺比较少，调节自身体温的能力弱，所以夏天带狗狗出门散步要选择清晨或夜晚气温不太高的时候。

另外需要注意的是，一些小型狗狗对体内水分的缺乏感知并不敏锐，容易出现体内缺水的情况，严重的时候会对身体造成伤害。

所以，如果夏天狗狗实在不愿意出门散步，我们可以让它休息一段时间，或者带狗狗进行室内运动。

🏠 护理及治疗

一旦狗狗出现中暑的征兆，要第一时间让狗狗大量饮水。

如果在比较凉快的早、晚时段，狗狗也不愿意出门，也不要强制狗狗，可以暂停一段时间户外活动。如果在家里休息一段时间之后，狗狗还是不愿意出门，并且睡觉时间变长，食量变小，只有原来的一半，那狗狗可能患上了夏日倦怠症，要尽快带它去医院诊治。

如果狗狗不想吃饭，甚至连嘴都懒得张，叫它也没有反应，还伴有腹泻和呕吐的情况，那可能就是重度的倦怠症了，要尽快带狗狗去医院。

狗狗的正常体温为 38℃。当动物的体温达到 42℃时，身体组织就可能会产生变异导致死亡，所以狗狗中暑是非常危险的。狗狗最喜欢温度 24℃左右、湿度 50% 左右的环境状态，所以应该尽量为狗狗创造这样的生活环境。

狗狗脚掌和肉垫养护

狗狗每天都要去户外走动，脚掌和肉垫每天都在被使用和磨损，所以对狗狗脚掌尤其是肉垫的保护非常重要。

狗狗脚底肉垫的作用主要包括以下几个方面：

（1）排汗散热。狗狗的肉垫是除了舌头之外，最重要的排汗散热部位。另外，狗狗还可以通过肉垫感知生活中的各种事物。

（2）使狗狗更加平衡。狗狗是四肢着地行走的动物，它们的脚承担着身体的全部体重，肉垫柔软、厚实的结构可以作为身体与地面接触的缓冲，使狗狗无论是走路还是奔跑，都能更好地维持身体平衡。

（3）避免滑倒。狗狗的肉垫就相当于我们的胶鞋底，能够增加对地面的摩擦力，避免滑倒。

（4）消音。狗狗是捕猎的高手，它一般走路是没有声音的，这是因为肉垫起了"消音器"的作用，这能够帮助狗狗在捕捉猎物的时候，悄无声息地靠近猎物，然后突袭得手。

护理及治疗

那么我们应该如何养护狗狗的脚掌及肉垫呢？

（1）及时清理狗狗脚趾间的毛毛，防止肉垫疾病

带狗狗外出散步回家后，一定要及时帮它清理脚趾间的脏东西，以免脏物长时间聚集在脚趾缝中引起发炎。

如果狗狗的脚趾间有长毛，应及时修剪，以免毛毛沾上脏东西，结成团或者包住狗狗脚掌上的肉垫，导致狗狗走路打滑或者引起红肿发炎。

如果狗狗最近常常舔咬自己的脚掌，或者当我们碰它脚掌的时候它的爪子突然缩

起来，那么很可能是狗狗的脚掌发炎了，要及时检查处理，如果情况比较严重，尽快带狗狗去宠物医院就诊。

（2）高温天气时，不要让狗狗在暴晒过的地方行走，以免烫伤肉垫

狗狗的肉垫比较厚，即使路面很烫，刚开始狗狗也感觉不明显，等狗狗感觉到热的时候，可能已经被烫伤了。所以，夏天带狗狗外出时，要注意控制时长，同时尽量避开太阳暴晒的路段。

（3）狗狗脚掌干裂如何处理

在天气比较干冷的季节，狗狗的肉垫容易变得干硬，甚至干裂，我们可以用手指轻轻按压肉垫，判断狗狗是否遇到了这种情况，如果有，及时为狗狗的脚掌涂抹护足霜或用吸满温水的毛巾包住狗狗，还可以让狗狗泡个澡，这些都有利于滋润狗狗的肉垫。

（4）肉垫被尖锐的东西扎伤怎么办

外出散步时，狗狗可能会不小心踩到尖锐的东西，这时狗狗会因为疼痛走路一瘸一拐，或者用三条腿走路。发现这种情况，要立刻给狗狗清理脚掌，尤其注意清理狗狗的肉垫，并尽快带狗狗回家，用碘酒为伤处消毒，以免感染发炎。情况严重的话，要及时带狗狗去宠物医院就诊。

狗狗得了肠胃炎

肠胃炎和肠炎都是常见的狗狗消化系统疾病。两种病既有区别，也有关联之处。

狗狗患上肠胃炎后，主要表现为呕吐，食欲减退或者拒食，精神不好，腹部疼痛，口渴等，严重时，呕吐物中会带血。

狗狗患了肠炎后，除了有肠胃炎的症状外，还伴有腹泻，拱背，肠音亢进，里急后重，肛门周围沾粪便等。狗狗粪便可能是水样、糊状、黏液带血、非常臭。当有细菌或者病毒感染时，可能会伴有发烧。急性肠炎往往伴随着胃炎，所以会有呕吐和腹泻的症状。同时，狗狗会严重脱水，眼球下陷、皮肤失去弹性。

肠胃炎和肠炎的患病原因基本一致，可能是狗狗吃了发霉、腐烂的食物，或者吃了过冷、难以消化的食物，以及刺激性的药物；天气突然变化也容易引起狗狗肠胃炎；犬瘟热、犬肝炎以及某些从肠进入胃的寄生虫都可能引发肠胃炎。

护理及治疗

狗狗出现肠胃炎或者肠炎的症状后，要及时就医，不可擅自用药处理，以免延误病情。

为了避免狗狗患上消化系统疾病，我们应该注意：狗狗刚吃过饭，不要让它马上进入兴奋状态，或者剧烈运动；不要催促或者引诱狗狗快速进食；不要让狗狗暴饮暴食，每天最好喂食两次。

耳道内的黑色分泌物

狗狗的耳朵由外耳、中耳、内耳三部分组成。正常情况下，狗狗的耳朵应该是干燥无味的。如果发现狗狗耳朵出现红肿、异味等症状，可能是狗狗的耳朵患病了。大耳朵、长毛狗患耳科疾病的概率很大。

狗狗患上耳科疾病后，通常会因为耳朵瘙痒，不停地摇头或者抓挠耳朵，观察狗狗的耳朵会发现异样，比如，耳道内有黑色或者黄绿色的分泌物，耳朵红肿，有脓液流出，甚至伴有臭味。

狗狗常见的耳科疾病包括以下几种：

（1）**耳血肿**

该病症很容易判断，患病后，狗狗耳朵部位会有明显的鼓包，还会不停甩头、抓耳朵，严重时整个耳朵明显肿大。耳血肿是因为狗狗摩擦耳朵、过度甩头、撞击、抓挠等导致耳朵的血管破裂，血液积聚于耳郭皮肤与耳软骨之间导致的肿胀。

（2）耳螨

如果狗狗不停地甩头甩耳朵，挠痒痒，耳朵散发出剧烈的酸臭味，出现棕褐色泪痕，耳朵掉毛，耳道有黑色分泌物、流脓，甚至有大块褐色耳垢，那它可能患上了耳螨。这是一种很多狗狗都会患的寄生虫病，传染性很强且传播速度很快。

（3）中耳炎

如果狗狗听力下降，耳道疼痛，有液体从耳朵中渗出，耳道散发明显异味，可能是患上了中耳炎。这是一种未成年狗狗比较容易患的疾病，大多是由于狗狗患上咳嗽、感冒、咽喉炎时，病菌感染中耳引起的。

（4）内耳炎

内耳是指耳朵鼓膜以内和大脑连接的神经系统。内耳炎多数是中耳炎没治好导致的，也有外伤损伤后感染导致的，这是比较严重的耳部感染。

患病后，狗狗会出现斜视，甩头，失去平衡，走路不稳，眩晕，恶心，呕吐，听力减退，耳部疼痛，耳内有化脓性感染等症状，严重的会引起发烧等。

（5）细菌、真菌感染

患病后，狗狗耳朵内有大量黄绿色或黑棕色分泌物堵住耳道，耳腔内伴有感染的黑斑，耳道变得红肿、狭窄、看不清，还会有异臭，狗狗抓挠耳朵的次数增多。

真菌感染一般是马拉色菌引起的感染。细菌感染常见的有变形菌、金黄色葡萄球菌、链球菌、绿脓杆菌等。

护理及治疗

至少每个月给狗狗检查一次耳朵和外耳道口。正常情况下，狗狗耳朵内侧和耳郭的皮肤是浅浅的粉红色，如果呈红色、棕色或者黑色，则表明狗狗可能患病了，应该及时就医。狗狗的耳朵有臭味，也属于异常表现，应及时就医，做进一步检查诊断。

狗狗耳朵中有了耳垢，也会摆头，可以用棉签或者纱布帮狗狗清洁耳朵。

对于耳朵下垂、内耳多毛的狗狗，尤其要注意耳朵类疾病。

狗狗口腔有异味

当我们外出归来，狗狗喜欢用热情的湿吻欢迎我们，这是它表达亲昵和爱的一种方式，如果这个时候狗狗有了口臭，那它这种行为就会给我们带来非常不愉快的体验。

狗狗嘴巴有异味，我们首先要判断原因，然后有针对性地帮狗狗清新口气。

（1）饮食问题导致的口臭

发现狗狗有口臭问题后，我们要分析狗狗吃的食物，是专门的狗粮还是和我们吃一样的东西。如果狗狗平时和我们吃一样的东西，很容易在牙缝中留下很多食物残渣，再加上不注意口腔卫生，没有按时刷牙，就可能会产生口臭。狗狗肠胃不好，吃进去的东西不消化，也容易引发口臭。此外，狗狗长期吃肉类、零食，也容易导致口臭。这些原因导致的口臭，通常不会影响狗狗的精神状态，狗狗不会有什么异常表现，饮食也正常，只是当我们凑近狗狗，能闻到口臭。

（2）狗狗口臭也可能是患上了牙科疾病

牙科疾病有牙结石、牙周炎、牙龈牙、蛀牙等。狗狗患上牙科疾病后，症状比较明显，通常会食欲大减，流口水，吃东西很小心，牙齿因为疼痛不敢吃硬质的食物，在吃东西的时候，会因为食物碰到病处突然叫唤，观察狗狗的口腔，会看到牙肉发炎、流血、脓肿等症状，用手摸的话，会发现狗狗的牙齿有松动现象。狗狗会因为疼痛，不让我们碰它的牙齿。

护理及治疗

狗狗大多数的口腔疾病都是因为不注意口腔卫生导致的，要定期为狗狗刷牙，这样可以避免大部分口腔疾病的发生。

很多狗狗不喜欢刷牙，是因为没有养成习惯。如果是从小开始养狗狗，可以在它小的时候，就试着用纱布帮它擦拭牙齿，形成习惯以后，再改用专门的狗狗牙刷。注意，要给狗狗买专用的牙膏，比如，专门为狗狗设计的牛肉味、鸡肉味的牙膏，不能给狗狗使用人类牙膏。

如果没时间给狗狗刷牙，或者狗狗实在不配合，也可以给它吃口气清新嚼片，有很多口味可以选择，不过，这个方法仅适合大型狗狗使用。

磨牙棒也具有去牙垢、预防牙周病、除口臭的功能。

如果不愿意让狗狗养成吃零食的习惯，可以考虑购买一些造型特殊的橡皮洁牙膏，让狗狗在啃玩间达到洁牙目的。

此外，从保护牙齿的角度来说，干狗粮比湿狗粮好；定时喂比把狗粮倒在碗里任狗狗想吃随吃好。因为狗狗吃东西时，口腔内的细菌会比较活跃，一天喂两次，口腔细胞就活跃两次，更利于口腔健康。

狗狗的泪痕是怎么回事

有时，我们会发现狗狗眼睛上挂着两条长长的泪痕，这是狗狗受了委屈，偷偷在哭吗？

当然不是。出现泪痕可能是因为狗狗病了。

泪腺是眼睛的一个附属器官，主要作用是分泌泪液滋润眼球。正常情况下，泪腺分泌泪液滋润眼球后通过泪管进入鼻腔，不会从眼角流出。但是，如果泪腺分泌的泪液太多无法从泪管排出，就会从眼角流出，这就是眼泪，眼泪流得时间长了，就会形成泪痕。

狗狗泪痕形成的原因有以下几种：

（1）饮食。饮食是导致狗狗形成泪痕最常见的一个原因。狗狗吃的食物过咸，盐分摄入过多，就容易产生泪痕，这是很多人都知道的常识。遇到这种情况，要注意停止喂狗狗吃含盐量高的狗粮或者食物，多给狗狗喝水，尽量让它吃清淡一些。

（2）疾病。狗狗眼睛出现病变也会产生泪痕，比如泪腺炎，这种疾病的成因是分泌泪水的泪腺遭受感染，造成泪液不正常大量分泌，鼻泪管又来不及流出那么多的泪水，导致眼泪外流，久而久之就会形成难看的泪痕。

（3）倒睫。倒睫刺激角膜，狗狗眼睛感到不舒服，就会用前脚不停地抓挠眼部，因此常常会呈现眼泪汪汪的样子，也会造成非常严重的泪痕。

（4）狗狗鼻泪管堵塞也会引起泪痕。如果鼻泪管遭受感染发炎肿胀，造成管道完全或不完全堵塞，眼泪无法正常从鼻泪管排出，就会眼泪外流，形成难看的泪痕。

此外，如果狗狗耳道受到细菌等感染，耳朵肿胀、疼痛、搔痒，会导致狗狗不停用脚搔抓耳朵。而狗狗脸部听神经与颜面神经交错分布，非常敏感，耳道的疼痛会蔓延到眼睛，刺激泪腺分泌泪液，当分泌的泪水过多，不能及时从鼻泪管排出时，就会从眼角溢出。长时间如此，狗狗的泪渍就会越来越明显。

（5）特定品种的狗狗也很容易形成泪痕。有些短鼻的狗狗，比如巴哥等，由于长相特殊，鼻泪管曲度很大，即使是泪腺正常分泌的泪水量也无法及时通过鼻泪管排出，转而从眼角排出，就会造成泪痕甚至黑眼眶。

（6）遗传。容易出现泪痕是会遗传的，很意外吧！原发性泪水过多症就是一种遗传性疾病，患有这种疾病的狗狗经常泪液分泌过盛，很容易形成泪渍。

（7）美容。狗狗美容没有做好导致毛发进了眼睛，也会形成泪痕，只要把毛发弄出来就可以了。

护理及治疗：

狗狗因为饮食和美容出现的泪痕问题，我们自己在家就可以解决，但是因为疾病出现的泪痕，我们应该及时去宠物医院，请专业医生诊治。

给狗狗用药

狗狗生病时，医生可能会给狗狗开一些内服或外敷的药，无论是给狗狗喂药，还是敷药，都不是一件容易的事。

医生给狗狗开的比较常见的药品有内服药、滴眼液、滴耳液这三种。

 给狗狗喂食内服药的方法

对于一些味道不太大或者口感还可以的药，可以将它混在狗粮、罐头或者肉类等食物中，用食物的香味掩盖药味，让狗狗一起吃下。如果药物的味道比较大或者狗狗抗拒吃药，我们就要采取一些技巧性的手段了。

药片和药丸的吃法：吃药片的关键是要把药片放到狗狗的舌头根部，并让它吞下去。操作的时候需要两个人配合着来。让狗狗站立或坐在我们面前，一个人先用拇指、食指和中指捏住狗狗两侧的嘴角，让狗狗把嘴张开，然后两手轻轻拉住狗狗的上下颌，让它把嘴巴张大。另外一个人用手或者汤匙把药片放到狗狗的舌根部，把狗狗的嘴合上，并使嘴巴保持上举的姿势。

为了避免狗狗把药吐出来，我们可以捂住狗狗的嘴巴，轻轻地按摩狗狗的咽喉，帮助它把药片吞下去。如果以前训练过狗狗"吞下去"的指令，也可以通过下达这个指令，让它把药吞下去。

药水和油剂的吃法：让狗狗喝药水的关键是，要把药水放在汤匙或者没有针头的注射器中，送到狗狗的嘴里，并让它咽下去。操作的时候同样需要两个人配合。让狗狗站立或者坐在我们面前，一个人控制住狗狗，让它的嘴保持闭合状态，头部略微扭向一侧并向上倾斜，这样可以避免药水倒进狗狗嘴里后又流出来。另一个人用左手食指插入狗狗嘴角，把嘴角向外轻拉，用中指将上唇向上轻推，让上下唇组成一个口袋，右手拿盛有药水的汤匙或者注射器，将药水慢慢灌到上下唇形成的口袋中，然后，捂住狗狗的嘴不让它把药水吐出来，轻轻地按摩狗狗的喉咙，帮助狗狗把药水咽下去。需要注意的是，采用这种方法，每次灌入的药液都不能太多，以免呛到狗狗。

给狗狗滴眼药

如果狗狗患上了结膜炎等眼科疾病，医生会给开一些滴眼液。下面是给狗狗滴眼药的正确手法和小技巧。

先寻找一个合适的姿势，比如，我们用两腿夹住狗狗，避免它乱动，然后用一只手托起狗狗的下巴让它向后仰。

在正式滴眼药之前，先用脱脂棉浸温水后，给狗狗擦拭眼角，去掉眼睛周围的污垢。清理的时候，注意避免棉絮沾在狗狗的睫毛上。一只手托住狗狗的下巴，另一只手轻轻扒开狗狗的眼睑，将眼药滴入，然后将狗狗的眼睛闭上，轻轻按摩，帮助它吸收。

为避免惊吓到狗狗，最好拿着眼药水从它头部的后上方接近眼睛，然后将药水滴到眼睛里。

如果是软膏类药物，将软膏挤在下眼睑的内侧，然后，轻轻将狗狗的眼睑合上，让软膏逐渐被体温融化，进而作用到眼球上。注意，不要让软膏管直接碰触到狗狗的眼睛。

给狗狗敷耳朵

狗狗耳朵内部是"L"形的，如果我们用棉签清理狗狗耳朵内部的脏污，不仅不能把脏东西清理出来，还可能会把耳垢、耳螨等捣到更深的地方，不建议用棉签给狗狗清理耳道。

帮狗狗清洗耳朵的正确方法。

1.简单清理耳朵的外围。

2.根据使用说明书，把适量的清理液滴入狗狗的耳道。此时，狗狗会本能地想甩耳朵，我们要控制住狗狗，不让它甩头。

3.轻轻地按摩狗狗的耳朵根部，促进清理液扩散到耳朵内各个部位。如果我们按摩得很舒服，狗狗会发出呼噜呼噜的声音。

4.按摩大概 1 分钟后，放开狗狗，它会开始疯狂地甩头。此时，脏东西在清理液的作用下就会从内耳道被甩到外耳道。

5.用棉球帮狗狗清理耳朵周围的脏东西，同时检查耳道，把脏东西擦干净即可。

TIPS

不论是给狗狗喂内服药、滴眼药，还是给狗狗耳朵上药，刚开始时狗狗都会紧张和害怕。

在给狗狗用药前，我们可以先安抚狗狗的情绪，等它情绪稳定后，再开始用药。

在用药完成后，也要及时用语言或者按摩等行动夸奖狗狗，减轻狗狗对用药的抵触情绪。

狗狗变老的几点表现

电影《宠爱》中，豪七的离世惹得很多观众流泪。狗狗的离世是每个养狗人都要面临的问题。

随着年龄的增加，狗狗的身体和精神状况都会衰减。面对狗狗的衰老，伤心、不舍在所难免，但更重要的是，我们要尽可能地给予狗狗足够的关爱，让它度过一个舒适的老年时期。

对于老年狗狗来说，生病是导致其身体机能严重衰退的重要原因，我们平时应该注意狗狗的饮食和运动，尽量避免年老的狗狗生病。

狗狗老化主要有以下征兆：

（1）听力下降。叫狗狗名字时，它可能会没有反应，对于外界其他声音也不再敏感。

（2）脾气变差。狗狗会因为听觉、视觉等感官能力的衰退而变得胆小、神经质，暴躁易怒。

（3）不想运动。因为腰部和四肢等身体机能的衰退，狗狗会变得不喜欢运动，连散步都不想去，或者在散步过程中，走不动了，坐在地上，不肯动弹。

（4）小便不顺。狗狗年老以后会出现漏尿的情况，或者是因为排尿不顺畅而频繁做出排尿的动作。

（5）晚上嚎叫。狗狗可能会在晚上嚎叫，让我们困扰不已，这可能是狗狗高龄痴呆的症状，要注意观察。

狗狗的品种不同，进入老年期的时间也略有不同，一般来说，从 7 岁开始，狗狗逐渐出现老化征兆了。我们要注意观察狗狗的身体和精神状态，及时给予它适当的关怀和照顾，让它的老年生活更加舒适。

这样照顾年老的狗狗

随着年龄的增加，狗狗的生活方式和身体所需的营养都会发生改变，照顾老年狗狗的重点，是让它过符合年龄特点的生活。具体可以参考以下六点：

(1) 温暖的小窝

狗狗进入老年期，免疫能力会下降，所以要给它准备一个温暖的小窝，让狗狗可以获得温暖而充足的睡眠。有规律、慢节奏的生活，对老年犬来说非常重要。

(2) 健康的饮食

狗狗不同的年龄阶段对于营养的需求也不同。老年期的狗狗身体需要更多营养，要为狗狗选择高蛋白的狗粮。

同时，多给狗狗吃富含维生素的食物，增强免疫力，比如，维生素 C 可以预防狗狗患上白内障。

千万不要喂老年狗狗吃我们平时的饭菜，因为此时狗狗的消化系统已经衰退，人类的食物会给狗狗肠胃造成负担，危害其身体健康。

(3) 关注狗狗身体健康

狗狗年纪大了，牙齿、关节、心脏等都会或多或少地出现问题，因此，如果有条件的话，要定期带狗狗去体检。

(4) 符合狗狗年龄的运动量

狗狗老了之后，身体机能不足以支撑剧烈的运动，每天带它出门散步、晒太阳、呼吸新鲜空气就可以，还要注意根据狗狗的体能，缩短散步距离，放缓散步节奏。不能因为狗狗年纪大，就一点都不让它运动，适当的运动可以促进血液循环，增强狗狗体质，有益健康。

（5）精心护理

要加强对老年狗狗的日常护理，尤其是被毛比较长的狗狗，每天至少要给它梳一次毛，清洁毛发上的灰尘，还能促进血液循环。狗狗居住的地方也要保持清洁干爽，用过的饭碗也要干净卫生。

（6）多陪伴

要尽可能多地陪伴狗狗，让狗狗感受到我们对它的爱，让它开心地度过生命最后的一段时光。